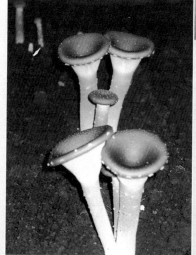

鲍鱼菇

大杯伞覆土栽培

U0298209

长根菇袋内覆土栽培

1

长根菇脱袋覆土栽培

野生竹荪

蘑菇覆土栽培

2

蘑菇大棚床栽

双孢蘑菇

毛木耳袋栽

3

草菇发酵料栽培

草菇覆土栽培

草菇周年生产保温房

4

# 高温食用菌栽培技术

编著者

韦仕岩　陈丽新　陈振妮
王灿琴　陈少珍　周嘉运

金盾出版社

## 内 容 提 要

本书由广西农业科学院生物技术研究所韦仕岩高级工程师等编著。内容包括高温食用菌栽培的一般设施条件、栽培方式及技术,金福菇、鲍鱼菇、大杯伞、长根菇、高温蘑菇、竹荪、毛木耳、草菇共8种高温食用菌的具体栽培技术,高温食用菌病虫害防治等9章。编著者结合生产实际,紧紧围绕生产中的特点、重点和难点,深入浅出地介绍了高温食用菌栽培的最新技术。本书内容新颖,技术先进,实用性和可操作性强,适合广大菇农、基层农业技术推广人员阅读,亦可供农业院校有关专业师生参考。

**图书在版编目(CIP)数据**

高温食用菌栽培技术/韦仕岩等编著. —北京:金盾出版社,2007.3
 ISBN 978-7-5082-4388-7

Ⅰ.高… Ⅱ.韦… Ⅲ.食用菌类-蔬菜园艺 Ⅳ.S646

中国版本图书馆 CIP 数据核字(2007)第 004658 号

**金盾出版社出版、总发行**

北京太平路 5 号(地铁万寿路站往南)
邮政编码:100036 电话:68214039 83219215
传真:68276683 网址:www.jdcbs.cn
彩色印刷:北京百花彩印有限公司
黑白印刷:北京四环科技印刷厂
装订:海波装订厂
各地新华书店经销
开本:787×1092 1/32 印张:4.125 彩页:4 字数:86 千字
2009 年 6 月第 1 版第 4 次印刷
印数:27001—42000 册 定价:8.00 元
(凡购买金盾出版社的图书,如有缺页、
倒页、脱页者,本社发行部负责调换)

# 前　言

　　食用菌肉质细嫩、味道鲜美、营养丰富,符合世界卫生组织提倡的"一荤、一素、一菇"的健康膳食要求。国内外专家预测,21世纪菌类食品将和动物性食品、植物性食品呈鼎立之势,是新兴的第三类食品。近年来,国际上已形成了"食菌热",一些发达国家将新鲜食用菌当做高档的无公害蔬菜,大量从我国进口。同时,随着我国人民生活水平的提高,对膳食结构的需求也随之提高,食用菌已成为城乡居民饭桌上的家常菜,因而市场需求量迅速扩大,推动了食用菌生产的发展。栽培食用菌,成为许多农户脱贫致富的一条重要途径。但是,食用菌生产的发展现状按季节来说很不平衡:春节前后,市场上供应的食用菌品种琳琅满目;而在炎热的夏季,供应的品种单调,数量很少。因此,希望一年四季都能买到各种鲜食用菌,是广大消费者的心愿;实现食用菌的周年生产,做到供应淡季不淡,一直是食用菌生产者追求的目标。要实现这个目标,高温食用菌的栽培就显得至关重要。如果在高温季节能够大量生产食用菌,就可解决食用菌周年均衡供应的问题。在此情况下,笔者编写《高温食用菌栽培技术》一书,其目的就是为促进高温食用菌的生产尽一分力量。

　　所谓高温食用菌,是指适于在高温季节栽培的食用菌品种。有的专家将高温食用菌品种定义为适应在24℃以上的温度条件下生长的食用菌,笔者认为这个定义还不能准确反映高温食用菌的含义。根据食用菌各品种的生物学特性,结合近年来食用菌生产的实践经验,笔者认为,高温食用菌最适宜的生长温度范围是 25℃～32℃,在局部 32℃～38℃的高温情况下,也能正常生长,这样的食用菌品种才能称为高温食用菌品种。根据笔者筛选,目前有草菇、金福菇、竹荪、高温蘑菇、毛木耳、长根菇、大杯伞、高温平菇类(如鲍鱼菇)等,可称为高温食用菌品种。随着食用菌育种工作的不断发展,今后还会有更多的高温食用菌品种提供夏季栽培,以满足生产和市场的需求。

我国不少省、自治区、直辖市夏季高温多雨,特别是我国南方地区夏季高温更为突出。在这种气候条件的影响下,食用菌栽培中出现的主要问题是病、虫、杂菌危害严重,特别是杂菌污染率高。因此,能否消除和抵御炎热多湿气候环境对食用菌生长所带来的影响和危害,是成功栽培高温食用菌的关键。许多食用菌栽培专业户,由于忽视了这个问题,因而造成重大损失。另外,部分高温食用菌在夏季栽培中能忍受极端的气温条件,但其最适宜的栽培气温条件往往比较低。因此,在夏季栽培高温食用菌,要使食用菌获得较好收成,降温是一项很重要的措施。可以说,在夏季栽培食用菌采用的所有技术措施,都是围绕着防治病、虫、杂菌危害和降温而实施的。

本书侧重介绍了高温食用菌的一般栽培设施及条件、栽培方式及技术、8 种高温食用菌的具体栽培技术和病虫害防治等生产中的关键内容,对于食用菌生产中的基础理论、基本知识以及常规技术等,则一带而过。希望本书能对食用菌爱好者、高温食用菌的生产者以及准备走向国外(如东盟各国)的食用菌生产者有所帮助。

在本书编写过程中,笔者参考了国内出版的部分食用菌书籍、杂志的有关内容;广西农业科学院生物技术研究所食用菌研究发展中心提供了有关技术资料和图片。在此,笔者向他们表示衷心感谢。

限于笔者的学识水平,加之编写时间仓促,本书错误、疏漏和不足之处在所难免,敬请专家和广大读者批评指正。

**编著者**

2007 年 1 月

# 目　　录

# 第一章　高温食用菌栽培的设施条件

## 一、场地选择

栽培高温食用菌的场地,应选择通风、向阳、干燥、近水源的场所,如能选择一些夏季极端温度不是很高的山区作为栽培场所,则更为理想。选择场地时,要注意远离家畜和家禽养殖场、厕所、食品加工厂、酿造厂、化工厂、居民生活区、农贸市场、医院等场所,因为这些场所易产生垃圾、粪便、有害的粉尘和气味,其地下水和地表水也易受污染。

## 二、设施要求

夏季高温食用菌栽培的设施要求比其他季节栽培的设施要求要高一些,一般需要搭盖大棚,大棚要覆盖塑料薄膜,既可挡雨水,又能保温保湿。大棚还需要有一定的遮荫条件,一般在塑料薄膜外加盖遮阳网。我们在实际操作中发现,夏季采用遮阳网的棚内温度变化太大,超过了高温食用菌所能承受的温度。因此,夏季在塑料大棚的顶部及四周最好用稻草或其他秸秆类覆盖,既可达到3阳7阴(其光线可供勉强看清报线上的文字)的遮荫要求,又可降温,是栽培高温食用菌较好的设施。大棚要求通气方便,要在棚的两头留有足够大的通气窗,棚的两头分别开门,门窗都要装上30目以上的防虫纱网,这是夏天栽培高温菇所必需的,因为食用菌菌丝的香味会招引大量的害虫而造成危害。大棚内温度太高时,最好能降温,降温可使用冷气机,比较节省能源的是用水帘等设施来降温。也可选用旧民房、旧厂房等现有设施作为高温食用菌的栽培场所,在使用前要清除房内及周边的垃圾、杂草,撒上石灰粉进行消毒,并喷洒敌敌畏 600 倍液或多菌灵 600 倍液,杀灭菇房内的病虫害。用于栽培食用菌的菇房,再次使用时,要进行彻底消毒,并适当加大用药量和用药次数。

# 第二章 高温食用菌的栽培方式与技术

根据食用菌培养料不同的处理方法,可分为生料栽培、发酵料栽培和熟料栽培三种主要栽培方式。高温食用菌栽培不能采用生料栽培的方式,在高温多湿季节如果采用生料栽培必然导致失败。一般采用发酵料和熟料栽培方式,尤以采用熟料栽培方式为佳。过去栽培草菇均采用发酵料的栽培方式,近年来有许多菇农用熟料栽培草菇,由于熟料比发酵料在病虫、杂菌的控制上效果更好,使草菇的产量、生物转化率比用发酵料栽培的可提高近1倍。以下介绍高温食用菌的主要栽培技术。

## 一、高温食用菌熟料栽培技术

### (一)品种的选择及质量

高温食用菌栽培,必须把好菌种这一关。不少菇农栽培高温菇失败,其原因之一就是没有选择好品种。因此,要详细了解食用菌品种的温型,看其是否与当地的气温条件相适应,同时要了解菌的色泽、菌型等生物性状是否符合当地市场的需求,还要了解该品种的栽培需求,现有条件是否能满足其所需。购买菌种,最好到信誉度高的科研单位去购买;同时了解掌握该品种的特性,根据其特性采用适当的栽培措施。从远处引种的,最好预先做出菇试验,看该品种能否适应当地的气候条件,千万不要未经试验就盲目推广。另外,一定要注意高温食用菌菌种的质量,因为菌种的质量是食用菌栽培的内因,只有好的菌种才会有较强的抗逆性,即使在不利的生长环境下,也能最大限度地保持菌株原有的生物性状,从而保证获得较好的栽培效益。

## (二)熟料的配方及装袋

在高温食用菌的栽培中,为了预防病、虫、杂菌危害,应将培养料装入塑料袋内,放进高压或常压的灭菌锅内,在高温下将培养料内的病、虫、杂菌杀灭,而后将装培养料的袋料搬到经过灭菌的接种室,经冷却后接入菌种,这个过程称为熟料栽培。高温食用菌培养料的配方,因不同的品种而不同,但就季节来说,有一个共同的特点,即各配方中麦麸、米糠、花生麸等营养丰富的辅料,用量要适当减少,能不用的尽量不用;石灰的用量要适当增加,以提高培养料的 pH 值;培养料的含水量一般要偏少些。由于不同品种所需培养料的含水量有所不同,从季节来说,高温食用菌的含水量总体要比其他季节要少5%左右。以上这些要求,都是为了加强培养料抵抗杂菌污染的能力。

装培养料的料袋,多数采用厚度为 0.04～0.06 厘米的聚丙烯塑料薄膜和低压聚乙烯塑料薄膜的筒料。聚丙烯塑料袋能耐 130℃ 的高温,但耐低温性差,在机械装袋时易破损。低压聚乙烯塑料袋虽然不耐高温,但耐低温性好,因此不能在高压灭菌锅内用,只能在常压灭菌中使用。塑料袋的长度和宽度因栽培不同的食用菌品种而不同,这些筒料的宽度可根据需要向厂家订购,长度一般由自己裁剪。但在高温季节,使用的塑料袋的规格最好比其他季节要小些,使食用菌菌丝尽块长满,以减少袋料的污染。不同食用菌分别按其配方将培养料混合后加水拌匀,石膏、过磷酸钙等要与干培养料拌匀后再加水搅拌,白糖、尿素等应溶于水中再与主料搅拌。不同性质的培养料,采用不同的搅拌方式,是为了使培养料中的各种成分充分搅拌均匀。搅拌好的培养料应马上装袋,在天气较热时装袋,一般要求从开始装袋到装灶灭菌不能超过 6 个小时,否则培养料易变酸变臭,使菌丝不吃料而造成栽培失败。培养料装袋可采用专用的装袋机械,没有专用装袋机械的也可采用人工装袋。人工装袋的方法是:先将塑料袋的一头用棉线扎紧,用手将配好的培养料装进袋内,适当压紧,使装进袋的培养料松紧适中,上下均匀,不留空隙;装完袋后,菌袋口要留 5 厘米长的扎口,最后用棉线扎紧即告完成。

### (三)发酵料的熟料技术

近年来正在推广一种新的栽培方式,要求首先将培养料的原料堆制发酵,然后再装袋放进灶内进行常压灭菌,这就是发酵料的熟料技术。该技术很适合在高温食用菌栽培上使用。发酵料的熟料与一般熟料相比较,有以下几点好处:①能减少培养料的杂菌污染率。因为熟料栽培中用的木屑等原料一直是处在干燥状态,培养料中一些杂菌孢子处在休眠状态,随对水随使用,培养料中部分杂菌孢子未来得及萌发,灭菌已告结束,这些未萌发的孢子较难灭杀,到后来条件合适时才能萌发造成污染。而在发酵料的熟料栽培中,培养料的发酵过程使杂菌孢子能充分萌发,而后再进行高温灭杀,这就可大大降低污染率。②食用菌菌丝在培养料中的生长能力明显提高。因为用发酵料的熟料栽培,培养料在堆制发酵中,由于许多有益微生物的作用,使部分纤维素、木质素等复杂有机物得到分解,产生有利于食用菌菌丝吸收的葡萄糖、氨基酸等物质,因此菌丝生长得快。③培养料一般多用木屑、黄豆秸、桑树枝条、竹子等加工废料做原料,这些原料很容易刺破塑料袋而造成污染,将这些原料先进行堆制发酵,使原料变得软熟,这样就会减少刺破塑料袋的情况发生,同时也减轻了菌包的污染。④由于先将原料堆制发酵,在堆制发酵中产生的高温可杀灭部分杂菌,因此在常压灭菌过程中,当温度升到100℃后,维持100℃的时间只需8～10个小时,比直接灭菌的可减少1～2个小时的灭菌时间。⑤松木、杉木是我国森林资源最丰富的树种,但由于这类木材中含有较多油脂类物质,这些物质会抑制食用菌菌丝的生长,而无法用作食用菌的原料。如果在这些原料中加入2%的石灰堆制发酵2个月,或者在露天堆制发酵1年,再装袋进行常压灭菌。也可用作部分食用菌的原料,这样就可扩大食用菌培养料的来源。

发酵料的熟料技术的具体操作方法是:将杂木条、果树修剪下的枝条、桑树枝条等粉碎成玉米粒大小并过筛,将未粉碎的木条拣除后加水,最好加0.5%的石灰水,使培养料含水量达50%,然后按场地大小自然地堆成堆,堆高为1.5～2米,不要拍压;如果料太细,还要间隔一定的距离用木棍打洞增加通气。堆制5天后一般堆温能升到60℃,再维持两天后即可翻堆,翻堆时要将表面没有发酵的料放到堆中,已发酵的料堆到表面,力求发酵均匀。6天后再翻1次堆,再过1周发酵料就可以使用了。发酵好的主料使用时,可按60%折成干料,再添加米糠或麦麸等辅料,混合均匀。将培养料的含水量调到55%～60%。不同的食用菌要求培养料的含水量不同,毛木耳要求55%的含水量,平菇要求60%的含水量,以用手紧握能成团、落地即散开为度。达到这个标准的培养料就可以装袋。

添加辅料时要注意,有些辅料如石膏、过磷酸钙等,应在主料发酵前添加;有些辅料如麦麸等最好在主料发酵后再添加,以避免这些营养物质过早损耗。在使用松木、杉木、樟木等作为食用菌培养料时,一定要事先充分发酵,在堆制发酵时,要加大石灰的用量,最好能用 1%～2% 石灰水调配发酵料,堆制发酵的时间最少在 2 个月以上,尽量将抑制食用菌菌丝生长的芳香族的油脂除去,再用于食用菌的栽培。在堆制发酵技术还未完全掌握的情况下,最好不要全部用松、杉、樟等原料做培养料,而应该只取这些原料的部分掺到其他原料中应用,这样才能保证食用菌栽培获得成功。

### (四)灭菌锅灶的设计及灭菌

熟料栽培需要对培养料进行灭菌,一般采用高压蒸汽灭菌和常压灭菌两种方式。高压蒸汽灭菌的设备是由工厂提供的,有电热式的高压蒸汽灭菌锅和普通蒸汽式的高压灭菌锅。这类设备灭菌时间短,但投入资金大,并且需要培养专门的操作人员,每次灭菌的数量少,推广难度较大。常压灭菌灶的型号多种多样,这里仅介绍 3 种常压灭菌方式:①埋下大铁锅,四周用砖砌起,旁边留个门用于装料袋、出袋料,灭菌时用木板密封好,铁锅上架上木条,料袋堆叠在木条上进行灭菌。这种灶保温性好,但装料袋和出料袋比较难,而且一次灭菌料袋数量少。②用油桶改装成蒸汽发生器,在地面铺上水泥或薄膜,上面再铺上木棒或砖,然后堆上培养料袋,用管子将蒸汽发生器产生的蒸汽通到料袋下,料袋上盖上一层薄膜,外面再加盖一层帆布或彩条薄膜,四周用砖压好即可。这种方法简单易行,但保温性差,蒸汽量往往不足,容易造成灭菌不彻底。③用 0.5 厘米厚的铁板做成平底锅,锅高 50 厘米,四周装有宽 15～20 厘米的护翼,用于密封薄膜和帆布。把其架到起好的灶台上,锅内加水并架上木条,木条要露出水面,在上面堆叠料袋,再用薄膜和帆布盖上密封好。这种锅装料多,灭菌效果好,值得推广。将装好的培养料袋按"井"字形叠放到灶内进行常压灭菌,或先将培养料袋装进编织袋内,再将编织袋排垒在灶内,这里的关键是要保证培养料袋之间有一定的空隙,以利于灶内空气流通,使灶内温度均匀。常压灭菌开始时要用旺火猛烧,在 5 个小时之内使灶内温度上升到 100℃,如果过长时间温度升不上去,袋料就会发酸发臭。温度达 100℃时用中火维持8～12 个小时,中间不能降温,最后用旺火猛烧一会儿,再停火闷一夜后出灶。不同的灶保温性能不同,因此停火后闷在灶内的效果也不同。用塑料薄膜加彩条膜密封的灶,闷的效果差,可将保温时间延长 1～2 个小时,以保证灭菌效果。灶锅内的水应在装袋料时一次性加足,最好不要在灭菌途中加水,以免造成灶内温度波动。在加温中要注意随时观察锅内水位,不要让锅内的水烧干。灭好菌的料袋要及时搬到经消毒的接种室内整齐排好,让其自然冷却。待到料袋温度降到 30℃ 以下时才能接种。

## (五)接种的条件及接种

夏天气候炎热多湿,到处充满杂菌,加之生产上的料袋量比较大,接种通常不用接种箱或超净工作台,可直接在接种室内进行。因此,对接种室要求较高。接种室要打扫干净,并进行消毒和杀虫处理。使用前,再用高锰酸钾加甲醛产生的甲醛气体对整个房子进行熏蒸,熏蒸时把门窗密封好,最好密封1～2 天。然后打开门窗,让甲醛气散发完毕即可将袋料搬进接种室,同时对接种室内的拖鞋、工作服、工作帽以及接种时要用的 75％酒精等,要封闭门窗用气雾消毒剂熏蒸。最好采用臭氧发生器进行消毒,其产生的臭氧灭菌效果好,对人员又比较安全。接种人员进入接种室前需用肥皂洗净手,进接种室需换上工作服,用 75％酒精擦手消毒,带进的菌种也要用 75％酒精擦抹外壁消毒。接种人员最好有 2 人或 3 人,1 人解开料袋的绳子打开袋口,1 人戴上消毒过的塑料手套,用手取少量菌种放入料袋内,并马上将袋口用绳子扎好,要尽量缩短料袋在空气中暴露的时间。通常 1 袋菌种可接 40 袋(料袋两头接种可接 20 袋),夏季用菌种量比其他季节要适当多些。接好种的料袋可搬到菇棚内使其发菌出菇。为了防止在搬运过程中造成污染,也有的不专门设接种室,利用菇棚作为接种室,接好种后,直接摆在棚内发菌出菇,这种做法要求菇棚的设施条件要好,菇棚灭菌要达到要求。

# 二、高温食用菌发酵料栽培技术

## (一)二次发酵技术

**1. 二次发酵技术的优点** 二次发酵(又叫后发酵)技术是目前蘑菇栽培上普遍应用的新技术。它是在一次发酵的基础上进行的,具有以下几个优点:①发酵时间能缩短7～10天,因而为食用菌提前上市争取了时间。②二次发酵技术的前发酵采用短期快速堆料法,可较好地保存稻草大部分纤维素和各种有机物质。③二次发酵是进行巴氏灭菌的控温发酵,能将混入培养料中的不利于食用菌生长的杂菌、害虫消灭,同时又能对整个菇房进行灭菌灭虫处理。④通过控制调节温度、空气、湿度等,让培养料进一步发酵转化,使对食用菌生长有益的微生物能大量繁殖,最终形成适合食用菌生长的培养料。由于二次发酵具有以上优点,因此它能够明显提高食用菌的单位产量,比一次发酵增产20%～40%,而且因病虫危害减少,营养供应充足,食用菌的品质比一次发酵的提高一个等级。高温食用菌的自然栽培条件比蘑菇正常栽培季节要差,因此栽培高温食用菌的培养料,一定要经过二次发酵,才能保证其栽培成功。

**2. 二次发酵技术的具体操作程序**

(1)前发酵　将干稻秸用0.5%石灰水浸湿,堆制时先在第一层上铺20厘米厚的稻秸,宽1.5～2米,长度视场地宽窄或培养料的量而定,一般为10米左右;在稻秸上撒上一层厚为5厘米左右的经过处理的牛粪。按一层稻秸、一层牛粪依次堆起,一般堆六至八层,堆高为1.5～1.8米。在堆好料的第二天,堆温即可上升到40℃～50℃,经4～5天堆温可升到65℃～75℃。一般进行3次翻堆,其间隔时间,第一次为5天,第二次为4天,第三次为3天,整个前发酵过程一般为14天左右。翻堆应从上下、内外调换位置进行,以使培养料发酵均匀。翻堆时要注意培养料的含水量,调节培养料含水量为60%～65%。如湿度不够时,可用0.5%石灰水加足,补水时水温和料温要大体一致,温度不能相差太大。

(2)后发酵　第三次翻堆两天后,将培养料含水量调到65%～70%,迅速运到菇房集中堆放在第二、第三层的床架上(只有三层床架的就堆在中间一层床架上),然后关闭门窗,尽量做到密封,让培养料自然升温,当料温升到50℃～52℃时,可开窗通风一下,使培养料发酵过程中能有充足的氧气。2天后,当培养料温不再上升并趋于下降时,再外通蒸汽,进行巴氏消毒灭菌。外加蒸汽的方法很多,最常用的方法是用汽油桶改装成蒸汽发生器,每100平方米用1个汽油桶蒸汽发生器加温,使菇房内的料温升至62℃,保持60℃～62℃的温度8小时。根据巴氏消毒原理,进一步将不利于食用菌生长的杂菌、害虫消灭(培养料内主要有害生物的致死温度是:菇蝇类、线虫、螨虫类、瘿蚊等55℃、5小时;褐色石膏霉60℃、4小时;绿霉60℃、6小时;褐斑病菌、疣孢霉病菌60℃左右)。巴氏消毒结束后,可打开窗口,进行短时间的通气,当料温降到52℃以下时,继续加温,使料温维持在50℃～52℃,保持3天左右。每天利用中午进行短时间换气,使好气的高温放线菌、高温纤维分解菌在这一温度区内活动,以分解稻草等复杂的有机物,产生食用菌易于吸收的葡萄糖、氨基酸、核酸等物质,为食用菌今后的生长提供丰富的营养物质。优质培养料的标准是:稻草腐熟均匀,颜色呈咖啡色;料中均匀地分布有白色的高温菌落,无氨味或其他异臭味;草料用手拉有一股抗拉力,富有弹性,质地松软,手握培养料能捏拢,松手后能自然松散,含水量为60%～65%, pH 7～7.5。整个后发酵一般需要5～7天。由于培养料二次发酵的腐熟过程是在控制温度、空气和湿度下完成的发酵过程,主要通过无数有益微生物的活动来完成,不会造成发酵不够或者过头的问题。一般发酵完成后,培养料的体积要比堆料时减少40%,重量减少30%。

如果没有搭建标准的菇房,用其他棚来栽培高温蘑菇的,也可采用简易方法进行二次发酵。其具体做法是:在菇棚旁建堆料基座,基座形式可因地制宜,可用木条或竹子搭个基座,使料不直接接触地面。也可在地面挖网状的小沟,使料尽量少接触地面,小沟能进行气体流通交换。堆料基座建好后,选择晴天中午将一次发酵好的料松散后规则地放在堆料基座上。在建料堆时,料堆中心可每间隔50厘米埋入一根木棒,建好料堆后可将木棒抽出,目的是使上下空气能够流动。料堆的宽度为1～1.2米,堆高为1.2米,料堆两侧垂直,不要堆成梯形或塔形,料堆长度可根据用料多少而定。料堆建好后,制作1个拱形塑料棚罩在料堆上,塑料棚的塑料下沿触地并用土密封好,料堆顶部与塑料棚的顶部要有50厘米的空间,料堆两侧与塑料棚的距离要求不高,只要能进行气体交流即可。在料堆两端中部各做一个约宽50厘米、高50厘米的门帘,以利于通气。可利用培养料自身发酵产生的热量,或太阳照射产生的热量,在两天内使拱棚内温度达到60℃～62℃,维持6～8小时。如果经2～3天拱棚内温度还达不到60℃,可在外部输入蒸汽以提升温度。巴氏消毒阶段结束后,要打开拱棚的塑料薄膜通风降温,将堆温降到50℃～55℃维持发酵,使料堆在这样的温度下维持4天,即可完成二次发酵的过程,这时可将培养料搬到棚内铺好播种。采用这种简易二次发酵方法,要注意用好料堆两端的通气门帘,在升温和进行巴氏消毒阶段要尽量密封保温,选择中午温度比较高的时段,适当打开门帘通气;在维持50℃～55℃温度时,可视料堆温度情况适当打开门帘或者完全打开门帘,如果温度还高,可将拱棚塑料薄膜掀起。

## (二)发酵中添加催熟剂技术

近年来,北京市和江苏省、上海市有关科技人员,推出了用于促进食用菌原料发酵的一些产品。北京世纪阿姆斯生物技术有限公司生产了食用菌原料催熟剂,江苏省淮安市大华生物制品厂生产了发酵增产剂,上海市农业科学院食用菌研究所菌种厂生产了生物增温发酵剂。这些产品的主要有效成分是多种对人、畜无害的有益微生物,例如放线菌、酵母菌、嗜热真菌等类微生物,本书中统称其为催熟剂。

**1. 催熟剂的作用**　催熟剂是采用生物技术研制的一种新型的复合微生物制剂,用其作为食用菌培养料的添加剂,其主要作用是能加快培养料堆制腐熟的时间。由于催熟剂中的微生物菌具有很强的好气性发酵能力,加入催熟剂的培养料堆温经 24 小时就可升到 50℃ 以上,而未加催熟剂的需要 48 小时才达到这个温度,时间缩短 1/2。发酵产生的 60℃～70℃ 持续高温,能杀灭培养料中夹带的大多数危害食用菌的病原菌、虫卵等。催熟剂含有多种有益微生物,通过发酵使有益微生物在培养料中大量增殖,优势的有益微生物菌群能起到以菌抑菌的作用,减轻病原菌的再产生,从而减少病虫为害,增强培养料抗杂菌、抗污染的能力,达到不用农药而实现生产绿色食品的要求。在发酵过程中,对人、畜无害的有益菌大量增殖,将部分有机养分转化成能迅速被食用菌菌丝利用的菌体蛋白;同时这些有益菌的生理活动和新陈代谢中能产生多种酶,如淀粉酶、蛋白质分解酶、纤维分解酶等,这些酶有很强的催化分解能力,能在较短时间内将培养料中的纤维素、木质素、蛋白质分解,形成有利于食用菌菌丝吸收的氨基酸、葡萄糖、核酸等活性物质,使培养料转变为适合食用菌菌丝生长的基质,确保食用菌栽培获得成功。催熟剂的应用,还提高了有机物的转化率和利用率,一般情况下,使用催熟剂的要比不用催熟剂的增产 10%～30%。

**2. 催熟剂在高温蘑菇上的应用**　催熟剂按培养料(主要指稻草和牛粪)重量的 0.1%～0.3% 添加。具体操作按厂家生产产品的使用说明要求进行,因为不同厂家产品中有效微生物数量是不同的。催熟剂可在堆料时加入,也可在第一次翻堆时加入。加入前,先将催熟剂与提前预湿的麸皮、饼肥、粪肥等料混合均匀,然后再均匀混入主料。搅拌均匀的培养料按常规的蘑菇堆料方法堆制,料堆比常规的要低 20 厘米,不要超过 1.3 米,并在料堆上用 8 厘米的木棍每隔 0.3～0.5 米处均匀打通气孔,并加盖麻袋或草帘以便保温、保湿。整个发酵期需要 15～20 天,共翻堆 5 次,每次间隔时间大致是 5 天、4 天、4 天、3 天、3 天。每次翻堆都要根据料温情况确定:当堆料第二天堆温就可升到 50℃,维持 2～3 天;当料温升到 65℃～70℃时,要进行翻堆,因为料温过低发酵不好,达不到发酵的目的。料温过高,会抑制有益的微生物繁殖。因此,掌握料温的变化是确定发酵成功与否的关键环节,也直接关系到蘑菇产量的高低。发酵过程中伴随着温度的急剧升高,物料中的水分会大量蒸发,每次翻堆时都要注意培养料中的水分情况,及时给予补充(用 0.5％石灰水补充最佳),使培养料水分保持在 65％左右。催熟剂在蘑菇栽培上的应用,可以不用采用二次发酵技术,也能达到与二次发酵同样的效果,这样不但减轻了种植高温蘑菇的劳动强度,也节省了因二次发酵所需投入的加温设备和燃料。

**3. 催熟剂在草菇上的应用** 先将催熟剂与提前预湿的麦麸、饼肥及其他辅料混合均匀,或者与部分已预湿的主料混匀,再均匀地混入主料中。搅拌均匀的培养料按常规堆制,堆高不要超过 1 米,也按照蘑菇料堆方法进行打洞和盖草帘保温。堆温第二天就可升到 50℃,维持 2～3 天翻堆,翻堆 2～4 次,堆制发酵需要 7～10 天。要注意补充水分,补充的水分水温要与堆温一致。由于翻堆的次数少,一定要注意把里外上下翻拌均匀。当腐熟好的培养料发酵好后,要散堆使其降温并及时地上架或者上床铺好,当温度降至 30℃以下就可用草菇等菇类的菌种进行接种栽培。

由于食用菌催熟剂是生物菌,在运输、保管和使用过程中要放置在阴凉干燥处保存,切忌阳光暴晒;在使用过程中,尽量不要与多菌灵等杀菌农药混合使用,也不要与生石灰、甲醛等杀菌剂混合使用;不要长期存放,存放时间越长,有益微生物的活力就越差。

# 三、高温食用菌发菌及出菇管理

由于高温食用菌菌丝生长和出菇均处在气温比较高、湿度比较大的环境下,因此菇棚除使用前用甲醛严格消毒外,以后每隔 15～20 天用来苏儿喷雾消毒场地,或用石灰粉撒施,以保证菇棚的安全。菇棚中间留 0.6～0.8 米的通道,两边搭 2 排床架,每个床架分五至七层,每层的距离因栽培不同的食用菌品种而有区别,距离为 30～50 厘米。

## (一)料袋的发菌及出菇管理

料袋接种后即可搬进已灭菌的菇房内,摆到菇棚的床架上。由于高温食用菌栽培的季节气温比较高,因此不要将菌袋堆叠起来,料袋应尽量摆得松散些,以利于空气流通,避免因散温不好而烧伤菌丝。在料袋接种的菌丝吃进袋料 2 厘米后,可适当松开捆扎袋口的绳子,给菌丝增加氧气,以利于菌丝快生快发。也有的在接种时在料袋的袋口套上包装带做成直径 5 厘米左右的套环,用灭过菌的牛皮纸或报纸把套口封住,用胶圈扎紧,使菌丝生长时有足够的氧气。在发菌的这段时间,菇棚内无须喷水,须在傍晚后打开门窗通风,流动的气流可带走菇棚内的热量和水分,以降低菇棚内的温度和湿度,这样就可以降低袋料杂菌的污染率。在中午高温时段,最好关闭门窗,不让外部的热空气进入菇棚,以维持菇棚内的温度。当菌丝长满袋后,即转入生殖生长期,此期不同的食用菌要采取不同的措施:有的脱袋出菇,有的覆土后出菇,有的让菇从袋口出菇,但在水分管理上是基本一致的,即注意增加菇棚的湿度,使菇棚内的湿度达到 85%以上;在子实体形成初期,可向菇棚空间喷雾,保持菇棚地面湿润以增加湿度。当子实体长到一定程度时,水也可直接喷到袋料和菇体上,以保证食用菌生长对水分的需求。高温食用菌栽培中的水分管理,在气温较高时,早上和晚上要加大喷水次数和喷水量,同时加大通风,通风可降低菇棚内温度,但通风量过大会造成菇棚内水分散失过快。因此,要加大喷水次数和喷水量。此外,在喷水时要注意掌握好水的温度,不要让水温与棚温相差太大,以免造成大量子实体死亡。最好不要用井水和自来水直接喷菇体,应该用菇棚内水缸存的水来喷料袋,因为菇棚内的水温与棚温是一致的,不会造成菇体死亡。

### (二)发酵料床栽的发菌及出菇管理

培养料发酵好后,如果在菇棚内发酵的,可打开门窗通风,将菇棚内原有空气排掉,等到料温稍微降低,就可将堆在中间几层的培养料均匀摊到各层,每层培养料的厚度为 20 厘米。如果在外面发酵的,要趁热搬进菇棚铺好。当料温降到接近室温时即可进行播种,播种的方式因食用菌品种不同而异,有穴播、条播、撒播等多种方式。把菌种倒进用 75%酒精擦拭过的脸盆,用 75%酒精擦过双手后,将菌种掰碎:穴播的菌种可掰大些,可掰成如蚕豆大小的粒;条播、撒播可掰小些,以便于撒播。播好种后盖上塑料薄膜,以利于保湿并让菌种尽快恢复萌动。当菌种向四周蔓延后,可掀去薄膜,以增加通气,最好改为用报纸覆盖。喷水时,可直接喷洒到报纸上,这样既可以保湿,又有利于通风。通风、降温、保湿是高温食用菌发酵料床栽发菌及出菇的关键技术,而三者又是相互关联的:前期发菌时重点是通风,后期出菇时重点是保湿,降温随着气温的变化而影响全过程。发酵料床栽的食用菌菌丝长满后,最好采用覆土技术,这样更便于管理。

## (三)高温食用菌覆土栽培技术

我国很早就已经掌握了食用菌覆土栽培技术,特别是在草腐菌的栽培中,已经成为一项最普遍采用的技术。很多菇民在蘑菇、姬松茸、大球盖菇、鸡腿菇栽培中都普遍采用覆土栽培技术。近年来,很多人将这项技术运用到高温食用菌的栽培上,特别是运用到许多熟料袋栽的品种上,如高温平菇、金福菇等覆土栽培均取得了很好的效果,比不覆土的一般增产 20%～40%。

**1. 食用菌覆土栽培的增产效应**　食用菌覆土后,能改善食用菌生长发育的生态环境条件。在许多熟料袋栽的高温食用菌中,一般都是在简易的房子或棚内栽培,有些还在野外露天栽培,因此受到气温、湿度、空气等气象因素变化的影响,特别是受到温度变化的影响最大。同时空气中的湿度变化也很大,而食用菌菌包覆盖在土壤下,无论是温度还是湿度的变化比空气中的变化要小得多。因此,覆土能给食用菌生长提供较好的生态环境条件。食用菌多数是腐生真菌,其营养来源是靠菌丝体内众多的酶,通过酶促反应,将培养料基质的纤维素、蛋白质等分解成菌丝体能吸收的葡萄糖、氨基酸等营养物质。土壤中含有腐殖质、氮、磷、钾、钙、硫、钠、铁等矿质元素,还有许多微生物、维生素等物质,其中钾等一价离子能促进食用菌多种酶的活性,钙是某些酶促反应的辅助因素,增加这些元素能使酶促反应加快,分解更多的培养料基质,以满足菌丝体或者子实体生长的需要。食用菌覆土后,菌丝体在适宜的条件下向覆土中蔓延,一般培养料的营养高于覆土层的营养,这样培养料基质与覆土层形成一个营养差,这个营养差有助于食用菌由营养生长转变为生殖生长,有利于食用菌子实体原基的形成和生长。采用袋料栽培的食用菌,往往是前期产量高、质量好,而后期产量低、质量差,其原因就是料袋栽培食用菌后劲不足,无论是氮素营养、碳素营养、矿质营养,由于前期的消耗无法得到补充,各种酶的活力性减弱,因此分解培养料养分的能力降低,导致提供给菌丝体和子实体的营养物质减少。覆土的食用菌,在前期出菇消耗的水分、营养、矿物质等,可以在土壤中得到补充,在适宜的环境中,菌丝体活力能得到良好恢复,不断分解和吸收培养料基质和土壤中的营养、水分,保证子实体生长的营养供应,直至培养料养分消耗殆尽。因此,食用菌覆土栽培能明显提高产量。另外,覆土能增强食用菌的抗杂菌污染能力,覆土后由于通气减弱,二氧化碳浓度降低,微生物分布密度发生变化,有利于菇菌类菌丝的生长,有效地抑制杂菌的生长。

**2. 食用菌覆土栽培的方法** 主要有两种方法:一种是将菌筒的塑料袋脱掉,再将菌筒埋到土里;另一种是将菌筒的袋口打开,往里面加土。食用菌脱袋覆土栽培,一般要等到菌筒的菌丝都长满后才进行,也有的在菌筒收一两潮菇后,再将菌筒脱袋覆土。选择覆土的地点可在大棚内进行,但最好是在蕉园或者果园内进行,因为在大棚内进行覆土栽培时,收完菇后,如果下次还要栽培食用菌时,需要清理废菌筒;而食用菌废菌筒及覆盖土含有大量的菌体蛋白,是种菜、种花、种果树很好的有机肥料,在蕉园或果园内覆土栽培食用菌,收完菇后,这些菌筒就成了果树的肥料,取得一举两得的效果。具体的做法是:在蕉园或果园果树株行之间的空地,挖宽50~100厘米、深5厘米、长度按实际情况而定的凹槽,将脱袋的菌筒一个接一个平摆在地上,再将挖出的土覆盖上去就可以了。凹槽不要挖得太深,以免损伤果树的根系。在覆土栽培食用菌的地方最好搭小拱棚,盖上塑料薄膜。冬季可将塑料薄膜密封到地面,两端要开通风口,以起到保温的作用;夏天塑料薄膜只盖顶部,起到挡雨水的作用,在其周围开好排水沟,防止下雨将食用菌菌筒浸泡。在管理方面,覆盖土不能干,干了就要浇水,要注意保持覆土层湿润。食用菌覆土栽培需要阴凉的条件,利用果树树荫遮挡的自然条件,能够基本满足食用菌的生长。如果果树遮荫不够,可将盖在小拱棚上的塑料薄膜换成黑色的,即能达到遮荫目的。食用菌菌筒不用脱袋,只需把袋口打开,在已长满菌丝的培养料上盖上2~3厘米厚的泥土,即可起到覆土栽培的作用。这种覆土方法简单易行,只需取一定量的菜园土或塘泥等晒干,碎成玉米粒大小的颗粒状,分别盖到各菌筒里。菌筒可摆在菇房、大棚里,经常淋水,保持覆盖土湿润即可。但在选择覆盖土时,最好预先检测一下土壤的重金属和农药残留的含量是否符合要求,以免影响食用菌的品质。

# 第三章　金福菇栽培技术

金福菇,别名洛巴伊口蘑、洛巴口蘑、大口蘑、巨大口蘑等。日本称之为"白色松茸",学名 *Tricholoma lobayense* Heim,属担子菌亚门、层菌纲、伞菌目、白蘑科、白蘑属,是近年来新开发的一种高档珍稀高温食用菌。

## 一、概　述

### (一)金福菇的分布

金福菇是一种热带菌根菌,原产于北半球热带地区。在非洲、南亚大陆和我国均有不同面积的自然分布。法国真菌学家 Heim. 最早在非洲发现并于 1970 年定名为洛巴口蘑(*Tricholoma lobayense* Heim)。1992 年,中国科学院微生物研究所卯晓岚研究员首次在香港凤凰木树桩旁草地上采到野生金福菇标本,其后在南方各地陆续发现野生金福菇。目前,在国内的商品名为金福菇。

### (二)金福菇的食用及药用价值

金福菇菌肉脆嫩爽口,味道鲜美,香气浓郁,风味极佳。其氨基酸种类含量齐全,含有人体必需而又不能自身合成的 8 种氨基酸,具有健脾开胃、清肝明目、美容养颜和提高免疫力的功效。临床证明,它对降低胆固醇、小儿低热、利尿渗湿有独特的疗效。它所含的多糖类物质对肿瘤抑制率奇高。因此,金福菇具有很高的营养价值和药用价值。

### (三)金福菇的开发前景

金福菇具有非常良好的市场前景。它主要有以下几个优点:①金福菇在 28℃～36℃高温条件下均能正常生长,是难得的高温好品种。②金福菇子实体硕大、优美,菌肉肥厚嫩白、脆嫩爽口,口感极佳,味道鲜美,香气浓郁,风味与口感均属目前可食用菇类中的佼佼者,很受消费者欢迎。③金福菇鲜菇保鲜期长,极耐贮运。在 10℃条件下贮藏 1 个月色味不变,极少食用菌品种能有如此长的保鲜期。

金福菇为腐生菌,主要利用农作物秸秆、杂木屑、棉籽壳、菌糠废料等作为栽培基质,具有栽培原料丰富、栽培技术简单、投入成本低、产量高、经济效益好等优点,是一种具有较大发展前景的高温珍稀食用菌。有关专家预测:金福菇在近几年内将发展成为我国夏季食用菌的主导产品。

## 二、生物学特性

### (一)形态特征

金福菇子实体丛生或簇生,大型;菌盖宽 6～16 厘米,肉质,初期半球形或扁半球形,后渐扁平或中部稍下凹,表面白色至浅奶油色、金黄色,平滑或稍粗糙,微黏;边缘无条纹,初内卷,老时波状或稍上卷。菌肉厚,白色,具淀粉味。菌褶缘波状,菌柄中生或偏生,棒形,稍弯曲,幼时菌柄基部明显膨大呈瓶形,成熟后长 8～33 厘米、粗 1.5～5 厘米,基部往往连合成一丛,表面与菌盖同色,上被纤毛及纤维状细条纹,内实,纤维质。

## (二)生长发育条件

**1. 营养**　金福菇是一种腐生菌,需要的营养主要是以碳水化合物和含氮的化合物为主,以及适量的无机盐、维生素等。在人工栽培中,以稻草、木屑、蔗渣、玉米芯、棉籽壳甚至出菇废料等为主料(碳源),添加适量的麦麸(或米糠)、玉米粉、黄豆粉、蔗糖等辅助材料(氮源)所配制成的培养基,基本上能满足金福菇对营养的要求。

**2. 温度**　金福菇是一种高温型菌类。其菌丝在 $15℃\sim38℃$ 下能正常生长,最适温度为 $27℃\sim33℃$;子实体形成温度为 $25℃\sim38℃$;最适合的温度为 $30℃\sim33℃$。在此适温内,菇蕾质量好,成菇率高。如昼夜温差过大对出菇不利,温差大于 $5℃$ 难以现蕾。金福菇对低温敏感,在 $4℃$ 以下保存菌种易死亡,已现蕾的幼菇在 $20℃$ 以下停止生长甚至死亡。

**3. 水分与湿度**　在菌丝发育阶段,金福菇栽培料的适宜含水量为 $60\%\sim65\%$。若水分含量低,菌丝生长稀疏无力;水分含量过高,菌丝生长慢且易滋生杂菌;空气相对湿度宜控制在 $70\%\sim75\%$。子实体生长发育阶段,空气相对湿度以 $90\%\sim95\%$ 为最适宜,覆土层以湿润为度。当覆土层过于干燥、空气相对湿度小时,菇蕾生长缓慢,菇体瘦小而干硬,甚至萎缩死亡;当湿度过高且通风差时,菇盖薄而易开伞,易感染杂菌。

**4. 光照**　金福菇菌丝生长无须任何光照,在完全黑暗条件下菌丝生长旺盛,光线对菌丝有抑制作用,并加速菌丝的老化。但适宜的散射光对原基形成及子实体生长有促进作用。最适宜的光照强度为 $200\sim800$ 勒。

**5. 空气** 菌丝生长需要少量的氧气,子实体发育需要充足的新鲜空气。在出菇期间,如果菇房通风不良,二氧化碳浓度达到 0.5% 时,菇蕾发育迟缓,菌柄粗,菌盖几乎不分化而成为畸形菇。

**6. 酸碱度** 金福菇菌丝在 pH3～10 范围内均可生长,以 pH 6.5～8 为最适宜。

**7. 覆土** 金福菇为土生菌,菇蕾形成及菇体生长发育均需要土壤中的微生物及其代谢产物和微量元素的刺激。若无覆土刺激,菌丝生长再好,栽培料也不会出菇。覆土的主要作用是保湿和刺激菌丝扭结现蕾,并可促进金福菇早出菇、出好菇。

# 三、熟料栽培技术

金福菇的栽培简单粗放,主要采用熟料栽培和发酵料栽培两种方式。目前比较适合南方高温地区栽培的是采用熟料覆土栽培方式。本章仅介绍熟料栽培技术。

## (一)栽培季节的安排

金福菇是一种高温型菌类,菌丝在 15℃～38℃ 下能正常生长,出菇温度为 25℃～38℃,最适合出菇温度为 30℃～33℃。金福菇对低温敏感,昼夜温差过大对出菇不利,温差大于 5℃ 难以现蕾。因此,各地区应根据当地的气候条件确定栽培季节。在南方高温地区通常选择在春季 3～4 月份开始接种栽培,5 月份温度上升到 28℃ 以上时开始出菇。也可在夏、秋季(7 月底至 8 月)接种栽培菌袋,8～10 月份出菇。

## (二)栽培场所的选择

金福菇适应性强,栽培粗放,适宜栽培的场地很多,闲置的房屋、简易菇棚、果园、林地等场地均可进行栽培。

## (三)栽培原料准备及配方选择

栽培金福菇的原料很多,稻秸、甘蔗渣、黄豆秸、玉米芯、花生秧、杂木屑、竹屑、中药渣、牧草等都可以作为栽培金福菇的原料。原料要求新鲜、无霉变、无虫蛀。此外,应适当配以麦麸或米糠、玉米粉、黄豆粉等含氮丰富的辅料,同时添加适量的石灰、石膏、过磷酸钙、磷酸二氢钾等,以提供钙、硫、磷、钾等元素,调节酸碱度,促进菌丝生长。常用的培养料配方如下:

配方1:棉籽壳30%,甘蔗渣50%,米糠15%,石灰粉3%,过磷酸钙1%,石膏1%。

配方2:棉籽壳30%,甘蔗渣20%,杂木屑30%,米糠15%,石灰粉3%,过磷酸钙1%,石膏1%。

配方3:棉籽壳55%,碎稻秸30%,米糠10%,石灰粉3%,过磷酸钙1%,石膏1%。

配方4:棉籽壳菌糠(干废料)50%,碎稻秸20%,米糠10%,棉籽壳15%,石灰3%,石膏1%,过磷酸钙1%。

配方5:玉米芯65%,棉籽壳30%,石膏粉1%,石灰3%,过磷酸钙1%。

以上列举的金福菇配方仅供参考。各地的金福菇生产者可根据当地的原料来源情况,组合配制新的配方。

## (四)菌袋制作、灭菌和接种

**1. 培养料配制**　按照所选的配方及生产规模,将原料进行混合、拌料及闷堆处理。闷堆完成后,在装袋前加入米糠、麦麸、玉米粉等辅料并搅拌均匀,最后使料、水混合均匀,培养料含水量达 60％～65％,pH 达 7.5～8.5,再进行闷堆半个小时后装袋。

**2. 装袋**　通常用低压聚乙烯或聚丙烯塑料做筒料,宽20～25 厘米、厚 0.025～0.03 厘米,截成 40～45 厘米长,一头用绳子扎紧,装上调配好的培养料,适当压实后用绳子扎紧另一头。用装袋机进行装袋时,托袋的手要用力均匀,使袋内的培养料压实度一致。一般要求 6 个小时完成装袋后马上灭菌,避免时间过长导致培养料发酵变质。

**3. 灭菌**　料袋装锅后要立即旺火猛攻,使之在 3～5 个小时内迅速上升到 100℃,并开始计时,然后稳火控温,保持锅内水沸腾,水温保持在 100℃,持续 10～12 个小时。停火后闷锅 6～8 个小时,以彻底灭菌。当料温降至 60℃～70℃时,抢温出锅,并迅速运往已消毒好的接种室冷却。

**4. 接种**　灭菌后待料袋温度降至 32℃以下时,在无菌条件下接入金福菇栽培种,两头接种。一般每袋重约 0.5 千克的菌种可以两头接菌袋 15～20 袋。

## (五)发菌管理

金福菇菌袋接完种后,要及时移入发菌室进行发菌管理。发菌室要求清洁、干燥、能通风换气、温度保持稳定,并经过灭菌处理。料袋在发菌室可放在层架上培养,也可在地面上摆放呈"井"字形,堆码 3～4 层。接种后的料袋要避光培养,尽量保持室内黑暗,室温最好控制在 28℃~32℃,湿度为 70%以下。温度适宜,则菌丝生长正常,一般接种后 25~35 天菌丝就可长满菌袋,再经过 7 天的菌丝后熟期培养,即可覆土出菇。菌丝后熟期培养可促使培养料的养分得到充分的分解和积累,以满足幼菇快速生长的需要。

### (六)适时覆土

**1. 脱袋覆土**　金福菇是土生菌,必须覆土才能形成子实体。适时将长满菌丝的菌棒移入出菇房并整地做畦,畦宽 0.4 米,深约 10 厘米。在畦面及其四周撒一层石灰粉灭菌杀虫,然后将发满菌丝的料袋剥去塑料袋膜,将菌棒横排放入畦中,菌棒间可留约 3 厘米的空隙,用消毒处理过的肥土填满菌棒直至看不见菌棒为止。覆土层厚 3~5 厘米。覆土有利于菌丝继续生长而形成子实体。覆土所用的土壤要求疏松、肥沃,土粒直径约 1.5 厘米,含水量为 50%左右。覆土后适当喷水并盖膜保湿。覆土层上最好加盖稻草、麻袋等保湿作用效果较好的覆盖物。实践证明,加盖覆盖物,能促使菌丝扭结形成原基而提前出菇。

**2. 袋内覆土**　除了脱袋覆土方法外,也可以采用袋内覆土的方法。其具体做法是:将发满菌丝的料袋袋口薄膜拉直,直接将覆土材料轻轻放进袋内,厚度为 2~3 厘米,以看不见料面为度。为防止袋内积水,可在袋的两侧各割 1~2 道缝排水。然后将菌袋整齐直立排在出菇场上。在菌袋表面可覆盖报纸等覆盖物进行保湿。

**3. 覆土后管理**　一般覆土后 8~12 天,可看见白色菌丝爬上土面。待覆土层表面布满浓白菌丝后,去掉薄膜降湿。此阶段空气相对湿度应控制在 85%~90%,温度控制在

25℃～32℃,同时加强通风换气和增加光照,刺激土层内菌丝的分化,促进原基扭结成子实体。

## (七)出菇管理

**1. 水分管理**　金福菇与其他菇类不同,它对水分非常敏感,若菇床含水分不够或过多,环境空气湿度不适,都可能会推迟其出菇和导致大量的小菇蕾黄化、萎蔫而死亡。因此,出菇期要严格按照幼菇生长发育的不同阶段进行不同的管理。对于菇床,必须使其充分含水,才能为生长出硕大的菇体打下基础。因此,在栽培期间,覆土后的 3 天内,应大量喷水,尽可能使菇床覆土层的含水量达到饱和,之后每天均应保持覆土层土表湿润。若水分不够,可直接在覆盖物上喷雾状水,保持覆盖物及覆土层湿润。若覆土层含水量过大,可揭开覆盖物通风,给予一定的散射光。一般覆土后约 15 天,菌丝可长满畦床并开始扭结形成原基,此时切忌喷水量过大,否则很容易造成小菇蕾大量黄化而死亡,降低成菇率。当菇蕾大量形成并逐步长大时,一般不喷水,只需保持覆土层湿润即可。干燥天宜喷雾状水于棚室空间。当菇体长至 3 厘米高时,应加大喷水量,每天可喷水 1～2 次,保持空气相对湿度为 90％～95％。子实体进入成熟期,可减少喷水量,以避免烂菇。

**2. 加强通风换气**　一般的出菇场地适当打开窗口即可,阴雨天可全天通风。通风换气必须缓慢进行,不可过大过猛,应避免风直接吹到菇体上,以免造成幼小菇蕾失水而死亡,中大型菇体因菌盖表皮失水会形成菌盖卷缩,影响外观,严重时导致萎缩而死亡。

**3. 控制光照**　金福菇子实体的形成必须有光线的刺激,散射光可以诱导早出菇、多出菇,但应避免阳光直射,以免把菇体晒死。通常以肉眼能看清报纸所需的光线即可。一般覆土后 20 天左右,子实体原基形成并可采收。

## (八)适时采收

**1. 采收时期**　金福菇从原基形成到子实体成熟,一般需 5～10 天。当菌盖肥厚、紧实菌褶的菌膜尚未破裂开伞时即可采收。此时菇体柔嫩,食用时味美可口,其产量和营养价值均高。

**2. 采收方法**　采摘时一手按住菌根地面,一手抓住菌柄,将整丛菇旋转拧起,将菌柄基部的泥巴去掉,注意轻拿轻放,防止损伤菇体。

## (九)转潮管理

采收后,清理床面残留物和老化菌丝,用细土将料面整平;停止喷水,休养生息养菌 5 天后继续喷水,控制好温度、通风、光照。14 天后第二潮菇出现。一般可采收 3～4 潮菇,每潮菇 15 天左右。生物学效率可达 70%,高产的可达 100%。

# 第四章　鲍鱼菇栽培技术

## 一、概　述

　　鲍鱼菇(Pleurotus abalonus)，又名台湾平菇，为层菌纲、伞菌目、侧耳科、侧耳属，是我国近年推广的高温季节栽培的珍稀品种。该品种以其营养丰富、较耐贮运、产品绿色、栽培原料广泛、适宜在炎热夏季栽培等突出特点，在夏季食用菌中独领风骚，成为夏季食用菌市场的一枝独秀，具有较高的经济价值和广阔的开发前景。鲍鱼菇栽培已成为广大食用菌生产者夏季种菇的首选项目。

　　鲍鱼菇具有以下 6 个优点：①鲍鱼菇营养丰富，蛋白质含量高、脂肪含量低，有一定的纤维素；菇体形态优美，色泽诱人；肉质肥厚，菌柄粗壮，脆嫩可口，具有独特的鲍鱼风味，是消费者青睐的美味佳肴。②鲍鱼菇组织细密，子实体韧性极好，其产品较易贮存和耐长途运输而不易破损。③鲍鱼菇适宜在大部分食用菌无法生长的炎热夏季中栽培，可填补夏季食用菌市场断档的空缺。④鲍鱼菇在双核菌丝培养基上形成的黑色的分生孢子梗可以驱避菇蝇、菇蚊的侵害，使之成为夏季无蝇为害的天然抗虫的绿色食品。⑤鲍鱼菇栽培原料广泛，生产成本低廉，可利用棉籽壳、锯木屑、甘蔗渣、稻草、玉米芯等多种农林副产品的原料进行栽培。⑥鲍鱼菇的栽培技术简单，与平菇生产技术基本相似。其栽培方式主要是进行熟料袋栽，凡具有平菇、香菇等栽培技术基础的菇农均可从事鲍鱼菇生产,并能获得圆满成功。

# 二、形态特征和生物学特性

## (一)形态特征

鲍鱼菇的显著特点是在双核菌丝培养基上会形成黑色的分生孢子梗束,有时成熟子实体的菌褶和菌柄上也会产生大量分生孢子梗束和分生孢子;子实体单生或丛生,菌盖扇形或半圆形,中央稍凹,直径为5~24厘米不等。菌盖初期黑色,随着生长逐渐变成暗灰色至褐色、黑褐色不等。在自然栽培条件下,菌盖颜色随着温度的变化而发生变化:气温在25℃~28℃时,呈灰黑色;在28℃以上时,呈灰褐色;在20℃以下时,呈黄褐色。菌柄偏生,长5~8厘米,粗1~3厘米,呈白色或浅白色;内实,质地致密,菌褶延生,乳白色。鲍鱼菇的外观与平菇非常相似,因而常与美味侧耳、糙皮侧耳、凤尾菇等混淆。生产上可以根据鲍鱼菇双核菌丝会在培养基上形成黑色的分生孢子梗束的特点来加以鉴别。

## (二)生物学特性

鲍鱼菇的生长发育与周围的环境条件有着密切的关系。影响鲍鱼菇生长发育的主要因素是营养、温度、水分、光线、空气和 pH 值等。

**1. 营养** 鲍鱼菇是一种木腐菌。在实际栽培中,营养物质主要有碳源、氮源、矿物质和维生素。碳源是鲍鱼菇最主要的营养来源,它是合成碳水化合物和氨基酸的原料,也是重要的能量来源。人工栽培鲍鱼菇时,用棉籽壳、废棉、稻草、甘蔗渣、玉米芯、杂木屑等作为培养材料,可供给鲍鱼菇生长所需的碳源。氮源则是鲍鱼菇合成蛋白质和核酸所不可缺少的主要原料,也是一种极其重要的营养源。在培养料中添加米糠、麸皮、玉米粉、大豆粉、花生饼及油菜籽饼粉等,可满足其对氮源的需求。试验证明,在培养料中添加 5%～10% 的黄豆粉或玉米粉,可以大幅度提高其产量。在原料中添加适量的磷酸二氢钾、碳酸钙等无机盐类和钙、磷、镁、钾、铁等矿质元素以及维生素 $B_1$ 和维生素 $B_2$,可使菌丝生长速度明显加快、长势旺盛,从而缩短菌丝满管(袋)时间。

**2. 温度**　温度是控制鲍鱼菇菌丝生长和子实体形成的一个重要因素。鲍鱼菇菌丝生长发育的适温为 20℃～33℃,最适宜的温度为 25℃～28℃。子实体发生的温度范围是 20℃～32℃,适温为 25℃～30℃,最适温为 27℃～28℃;而低于 25℃ 和高于 30℃ 时,子实体发生较少;低于 20℃ 或高于 35℃ 时,不能形成菇蕾。

**3. 湿度(水分)**　鲍鱼菇为喜湿性菌类,抗干旱能力较弱。因此,水分和湿度是鲍鱼菇菌丝体和子实体生长发育中不可缺少的因素。培养料含水量达到 60%～65% 时,菌丝生长迅速;培养料含水量偏高,透气性差,菌丝生长速度降低,且易引起杂菌感染;含水量过低,菌丝稀疏、细弱,生活力降低。发菌期要求空气相对湿度为 60% 左右;空气相对湿度过高,易被杂菌污染。出菇期栽培场所内的空气相对湿度保持在 90% 左右,对子实体的发育有利。

**4. 光线**　鲍鱼菇菌丝生长期间不需要光照,子实体形成与生长期需要一定的散射光照。在黑暗条件下,菌盖难以分化,而且子实体有明显的趋光性。在弱光下,子实体生长发育缓慢,菌柄长;在散射光较强的条件下,子实体生长发育快、菌盖肥厚,但切忌阳光直射。

**5. 空气** 鲍鱼菇菌丝生长阶段对空气的要求不甚严格,一般培养室的空气含量均能满足鲍鱼菇菌丝生长的需要。子实体生长阶段需要大量的氧气,如二氧化碳浓度过高,会影响子实体的正常发育;通气不良,会造成鲍鱼菇子实体柄长、菌盖小或不发育等,而形成畸形菇。

**6. pH 值** 鲍鱼菇菌丝在 pH 为 5.5～8 的培养基中均能生长,以 pH 6～7.5 为最适宜。

# 三、栽培技术

## (一)栽培季节选择

根据鲍鱼菇生长所需的温度,各地应从当地的自然温度出发,合理安排栽培季节。南方地区春、夏、秋三季均可栽培。春季栽培安排在 2 月份接原种,在加温室内培养;3 月中旬制作栽培袋,仍需在加温室内培养;4 月下旬至 5 月份出菇,此时自然温度已达到出菇要求的温度。夏季栽培安排在 5 月份制作栽培袋,6 月下旬出菇。秋季出菇安排在 7 月份制作栽培袋,8 月下旬至 9 月份出菇,此时污染率低,菇质较好,商品价值较高。

## (二)培养料配方

栽培鲍鱼菇的原料非常广泛,棉籽壳、锯木屑、甘蔗渣、稻草、玉米芯等多种农林副产品的原料均可使用,但均要求新鲜、无霉变、无虫蛀,不含农药或其他有害化学药品。忌用抗虫基因水稻稻秸、抗虫基因棉籽壳等转基因原料以及施过矮壮素的原料。各原料使用前最好能在太阳底下暴晒 1～2 天。各地可根据当地资源条件,因地制宜地选用以下 8 种优质高产的配方。

配方 1:棉籽壳 91%,麸皮 4.6%,白糖 1%,石膏粉或碳酸钙 1%,石灰 2%,磷酸二氢钾 0.2%,硫酸镁 0.2%。

配方 2:稻秸 38%,木屑 35%,麸皮 18%,玉米粉 4.6%,白糖 1%,石膏粉或碳酸钙 1%,石灰 2%,磷酸二氢钾 0.2%,硫酸镁 0.2%。

配方 3:棉籽壳 41%,稻秸 41%,麸皮 10%,玉米粉 3.6%,白糖 1%,石膏粉或碳酸钙 1%,石灰 2%,磷酸二氢钾 0.2%,硫酸镁 0.2%。

配方 4:木屑 70%,麸皮 18%,玉米粉 7.6%,白糖 1%,石膏粉或碳酸钙 1%,石灰 2%,磷酸二氢钾 0.2%,硫酸镁 0.2%。

配方 5:玉米芯 81%,麦麸或米糠 14.6%,白糖 1%,石膏粉或碳酸钙 1%,石灰 2%,磷酸二氢钾 0.2%,硫酸镁 0.2%。

配方 6:玉米芯 46%,木屑 25%,稻秸 10%,玉米粉或麦麸 14.6%,白糖 1%,石膏粉或碳酸钙 1%,石灰 2%,磷酸二氢钾 0.2%,硫酸镁 0.2%。

配方 7:甘蔗渣 76%,麦麸或玉米粉 19.6%,白糖 1%,石膏粉或碳酸钙 1%,石灰 2%,磷酸二氢钾 0.2%,硫酸镁 0.2%。

配方 8:杂木屑 66%,稻麦秸 10%,麦麸或玉米粉 19.6%,白糖 1%,石膏粉或碳酸钙 1%,石灰 2%,磷酸二氢钾 0.2%,硫酸镁 0.2%。

### (三)栽培方式与栽培场所

**1. 栽培方式** 鲍鱼菇主要采用熟料袋栽方式栽培,其方法与平菇等食用菌相同。原料和水分要充分拌匀,不能有未湿透的干料团。其生产流程如下:

备料→配料、拌料→装袋→灭菌→接种→培养→出菇管理→采收

**2. 栽培场所** 要求栽培场所通风好、干净。阴凉的房屋、菇棚等都可以用于栽培,床架以坐北朝南排列,以利于遮光、通风。周围环境要清洁,以减少污染。

### (四)栽培袋制作

**1. 培养料配制** 按配方比例称取各种原料。秸秆类要经粉碎机粉碎,木屑、甘蔗渣要晒干过筛以免刺破塑料袋,对于不易吸水的原材料如木屑、玉米芯、棉籽壳、稻秸等要提前1天用石灰水预湿,让其吸足水分再与甘蔗渣、麸皮(米糠)、白糖、石膏(碳酸钙)等充分混合拌匀,同时加水将含水量调至60%~65%即可装袋。

配制培养料时要注意严格控制培养料的含水量和酸碱度,而且原料一定要充分搅拌均匀,避免有未湿透的干料团。

培养料含水量感官测定方法:用手紧握培养料能成团,落地能散开或手紧握料时指缝见水不滴水,或用拇指、食指和中指紧捏住培养料可见水迹即为合适。若手握料团有水成滴滴下,表明培养料太湿,应将料堆摊开,让水分蒸发或添加适量干培养料;若料手握不成团,掌上又无水痕,则为偏干,应补水再翻拌至适度。

**2. 装袋** 一般用 20~23 厘米×40~42 厘米(膜厚

0.03～0.05 毫米)的聚丙烯或聚乙烯筒料袋,一头或二头出
菇,每袋装干料 0.8～1 千克。装好袋后用线绳或橡皮筋扎
紧。装袋要注意松紧合适,用力均匀,不能太松或太紧;搬运
时轻拿轻放,不拖不磨,避免人为弄破袋子;最好在半天内完
成,尤其是在气温高时,装袋时间不能过长以防止培养料发酸
变质。

## (五)灭　菌

灭菌是鲍鱼菇袋栽的关键环节,装袋后应立即进行高温
灭菌,并须做到彻底灭菌。常压灭菌 100℃,保持 10～12 小
时;高压灭菌 126℃,保持 2.5 小时。常压灭菌时,应注意灶
内料袋科学叠放,以利于蒸汽穿透,同时力争在 3～5 小时内
达到 100℃;高压灭菌时,要注意把冷空气排尽以免造成假
压,菌袋排放时应分层隔开,以利于灭菌彻底。

## (六)接　种

接种前按无菌操作程序对冷却室和接种室进行消毒。菌
袋出锅后冷却至 30℃ 以下时,进行无菌操作接入菌种(菌种
要选择健壮、无病虫害的适龄栽培种)。

## (七)菌丝培养

接种后菌袋可在室内层架上培养或地面墙式堆放培养,
2～3 天菌块开始萌动,此时培养室温度控制在 25℃～28℃,
空气相对湿度控制在 60% 左右,并经常检查,发现有污染的
菌袋要及时处理。一般 25～30 天菌丝可长到袋底。当菌丝
达到生理成熟(产生黑色孢子梗束)时即可搬入菇房立于床架
上进行出菇管理。

## （八）出菇期管理

鲍鱼菇栽培的成败和产量的高低取决于管理工作。在子实体发生和生长发育期间，要特别注意菇房内温度、湿度、光线和通风等的协调。

鲍鱼菇与其他平菇不同，不宜在菌袋四周开洞出菇，因为开洞处不一定长出子实体，往往有的洞只出现柱头状分生孢子束而不能发育成子实体；也不宜脱袋出菇，否则整个菌袋表面都会长出分生孢子梗束和含分生孢子的液滴，即使能产生子实体朵数也较少。比较适宜的方法是采用培养基表面出菇法，即将两头扎口解开，套上套环，袋口用灭菌好的报纸或牛皮纸封口，报纸最好用 2～3 层，牛皮纸用一层即可，最后用橡皮筋或自行车内胎剪成的胶圈拴紧报纸和套环。当料面有小菇蕾形成时，打开塑料袋口，除去报纸或牛皮纸，使料面暴露，以促使菇蕾迅速生长。一般经 8～10 天开始出菇，从现菇蕾起至成熟需 6～8 天。

出菇管理工作的要点如下：

**1. 温度控制**  鲍鱼菇子实体发生的适宜温度为 25℃～30℃，20℃以下不能形成菇蕾，32℃以上菇蕾难以发生，所以栽培管理必须尽量满足菇蕾对温度的需求。如气温突然降低，可采用关紧门窗、使塑料袋靠紧、袋口覆盖布等保温措施，促使菇蕾形成。气温升高到 25℃时菇蕾即正常发生，但气温超过 30℃时，必须注意勤喷水，墙壁、地上均可喷水以降低温度，用深色窗帘遮挡阳光，避免阳光直射菇蕾，也可适当降温。

**2. 湿度调控**  适宜的空气相对湿度是鲍鱼菇子实体形成和正常发育获得高产的重要条件。一般要求栽培室的空气相对湿度达 90%左右。如空气相对湿度太低，子实体不能形成,已形成的亦会因干燥而萎缩、死亡;湿度过高,极易发生杂菌污染,出现只长菌柄不易开伞的畸形菇。因此,应根据子实体生长的不同时期、不同气候条件灵活掌握喷水方式和喷水量:子实体形成初期,以空间喷雾加湿为主,以少量多次为宜,保持地面湿润,切忌直接向菇蕾喷水;当菇蕾分化出菇盖、菇柄时,可少喷、细喷、勤喷雾状水;晴天时多喷,雨天时少喷或不喷。

**3. 通风换气**　子实体形成和生长发育阶段需要足够的氧气,在保证空气相对湿度不过低的情况下,尽量增加通风量。通风换气不仅有利于子实体的形成和发育,同时可减少杂菌的污染。

**4. 光照**　鲍鱼菇原基分化需要光照,菇房内光照度以 40 勒以上较为适宜,但光照不可太明亮,更不能让阳光直射。

## (九)采　收

当鲍鱼菇子实体长到菌盖近平展、边缘变薄但稍有内卷、孢子即将成熟时,应及时采收。采收时,一只手压住培养料,一只手握住菌柄轻轻转动,将菇摘下。采完 1 潮菇后,将料面清理干净,让菌丝恢复 2～3 天后再喷水管理,间隔 8～15 天可长出下一潮菇。在正常情况下,一般可采收 4～5 潮菇,头潮菇产量约占总产量的一半,生物转化率为 70%～80%。鲍鱼菇整个生产周期需 60～70 天。

# 第五章 大杯伞栽培技术

## 一、概 述

大杯伞［*Clitocybe maxima*（Gartn. et Mey. ex Fr.）Quel.］，又称"大杯蕈"，俗称"猪肚菇"。为担子菌亚门、层菌纲、伞菌目、口蘑科、杯伞属（Clitocybe）。因其子实体形似漏斗或杯而得名。

大杯伞子实体菌肉肥厚，风味独特，质地清脆、滑嫩，香味浓；蛋白质、氨基酸含量高，含有多种人体必需的矿质元素，营养十分丰富。经常食用大杯伞对人体健康非常有益。

大杯伞属高温型食用菌，子实体发生在5～10月份，是夏季生产的食用菌种类。栽培大杯伞对弥补夏季食用菌市场鲜菇短缺状况，实现食用菌生产淡季的持续发展和调节市场供应都具有重要作用。

## 二、生长发育所需的外界环境条件

### （一）营 养

大杯伞可以利用葡萄糖、蔗糖、淀粉，但不能利用乳糖，能利用氨态氮和蛋白胨，但不能利用硝态氮。在 PDA 培养基上大杯伞菌丝生长较快，菌丝不浓密，呈同心形，细弱，棉絮状；加有蛋白胨的培养基上菌丝生长较浓密。可利用木屑、棉籽壳、蔗渣、稻草等栽培，并加入适量麦麸、玉米粉等以提高产量。

## (二)温 度

大杯伞为高温型菌类，其菌丝生长所需温度为 15℃～35℃，生长适温为 25℃～28℃，在 26℃下生长最快，低于 15℃生长极慢。子实体生长所需温度为 23℃～32℃，低于 16℃不现蕾，高于 37℃时子实体发育受抑制或停止发育，易萎缩死亡。子实体形成不需温差刺激，且环境温度要求较稳定，温差要小。

## (三)水分与湿度

菌丝生长要求培养基质含水量在 60％～65％，子实体发育阶段空气相对湿度应提高到 80％～95％。如空气相对湿度低于 75％，原基顶端龟裂。原基分化发育后，应适当提高覆土层的含水量。空气相对湿度低于 80％时，菌盖易出现裂纹；高于 95％时，子实体因通气不良生长容易受阻，并引起病害发生。

## (四)空 气

菌丝生长阶段不需要大量氧气，一定浓度的二氧化碳对菌丝生长反而有促进作用。子实体原基形成需要一定浓度二氧化碳的刺激，否则不易形成；子实体生长需要充足的氧气。

## (五)光 照

菌丝生长无须光照，培养室内光照过分强烈对菌丝生长有抑制作用。原基分化和子实体生产与光照有密切关系。在完全黑暗或微弱的光照条件下,子实体难以分化。但直射光和过分强烈的光照会抑制子实体的形成,使产量下降。

### (六)酸 碱 度

大杯伞对 pH 的适宜范围较广,在 pH 4~9 的基质上均可正常生长,但在 pH 6~7 偏酸性环境中生长最好。覆土材料以 pH 6.5~7.5 为佳,不宜使用碱性土壤覆土。

# 三、栽培技术

## (一)栽培场地选择

栽培场地除考虑温、湿、光、气四大环境因素外,还必须选择远离村庄、禽畜舍、垃圾场、化工厂等地,同时具备水源充足、水质清洁、排水便利条件的地方。菇棚或菇房要求南北向。由于大杯伞栽培季节是在炎热的夏季,因此其栽培室应选择在比较阴凉的地方,最好是砖地或水泥地板,以便于洗刷和消毒。也可在室外搭荫棚栽培。室外菇棚(包括香菇荫棚、蘑菇大棚等)和普通菇房均可利用。

## (二)栽培季节选择

在自然条件下,大杯伞大量发生于 5~9 月份,子实体发生时适宜温度为 23℃~32℃,栽培袋制作时间应掌握在气温回升到 23℃时的 40 天之前,一般在 4~5 月份以前接种,10月中旬左右结束生产。我国南方可以在 3 月份接种,在自然温度下发菌,经 30~40 天菌丝在袋内长满即可进行覆土出菇。

### (三)栽培原料及配方

**1. 原料选择与处理** 大杯伞的适应性很广泛,木屑、棉籽壳、蔗渣、玉米芯、麦秸、草粉等均可作为其栽培原料。杂木屑应选择木质比较松软的阔叶树或杂木,棉籽壳最好选用当年的,以发白、茸毛长的为好。甘蔗渣必须选择新鲜、色白、无发酵酸味、无霉变的,又以细渣为好。稻秸以中晚稻的稻秸较好。原料在生产前经暴晒、粉碎后贮藏于干燥处备用。

**2. 配方** 常用的配方有如下 4 种。

配方 1:杂木屑 39%,棉籽壳 39%,麦麸 20%,蔗糖 1%,碳酸钙(或石膏)1%。

配方 2:杂木屑 40%,蔗渣 38%,麦麸 20%,蔗糖 1%,碳酸钙(或石膏)1%。

配方 3:杂木屑 40%,稻草粉 40%,麦麸 15%,玉米粉 3%,蔗糖 1%,碳酸钙(或石膏)1%。

配方 4:杂木屑 78%,麦麸 20%,蔗糖 1%,碳酸钙(或石膏)1%。

### (四)装袋及灭菌

按以上配方称好各种栽培料,稻草粉、棉籽壳、甘蔗渣使用前 1 天用 2%石灰水预湿。蔗糖必须用清洁水溶化后配成水溶液待用。原料备好后,将主料和辅料充分搅拌均匀,调节含水量为 60%～65%,pH 为 7～8。也可将主料堆制发酵 4～5 天后再使用。

培养料配制好后即可装袋,菌袋一般选用宽为 17 厘米、长为 33 厘米、厚为 0.04 厘米的高密度低压聚乙烯塑料薄膜。人工或用装袋机装袋。栽培料装至 2/3 左右时,将料面整理好,压平压实,用线绳扎口,装入编织袋或周转筐中,上锅灭菌。

灭菌的好坏是栽培袋成品率高低的关键。装好料后的栽培袋要立即装入灭菌锅进行灭菌,以防栽培料在袋内时间过长导致酸败。如采用高压灭菌,灭菌压力为117~147千帕,保持2个小时即可。在实际生产中,多采用常压灭菌,常压灭菌虽时间长,但经济实用,容量大,1次可灭几百至几千袋不等。常压灭菌时,升火要猛,让锅内温度在4~6个小时内上升至100℃,达到100℃后再保持10~12个小时。升温一定要快,如果温度长时间达不到100℃,会使嗜热微生物大量繁殖,导致栽培料酸败。灭菌结束后不能马上出锅,让栽培袋在锅内闷1天或1夜,以提高灭菌效果。待温度降到60℃时,抢温出锅,将栽培袋搬入接种室。

### (五)接种及菌丝培养

接种前对接种室进行灭菌处理,通常采用甲醛和高锰酸钾反应熏蒸消毒,也可用气雾消毒剂等新型消毒药剂进行消毒。接种时,袋温要降至28℃以下,整个接种过程必须在无菌条件下进行,用75%酒精对菌种袋壁进行表面消毒,先铲除袋内老化菌种,然后将菌种均匀撒在料面,这样有利于菌丝恢复生长后快速布满栽培料表面,减少杂菌污染机会。每袋栽培种约接40袋栽培袋。此外,小规模生产也可在超净工作台进行接种。

接种后的栽培袋通常搬入培养室进行培养,如接种室较大、保温性较好,也可在接种室进行培养。如果把栽培袋搬进培养室培养,事先也要进行清洁及消毒处理。为了利用空间,培养室应设置培养架,以便于排放栽培袋。栽培袋也可放在周转筐内进行培养。栽培袋搬入时要轻拿轻放,以免杂菌污染。

大杯伞制袋期间温度较高,接种后的栽培袋呈"井"字形堆放或直立摆放。每堆不要超过 4 层高,堆与堆、袋与袋之间要留出间隙,以便于通风散热;上袋与下袋之间应放木条或小竹竿隔着以防烧菌。温度控制在 25℃～30℃,空气相对湿度保持在 55%～60%,每天打开门窗通风半个小时。接种后5～7 天检查栽培袋菌种萌发及污染情况,检查时要轻拿轻放,尽量减少搬动次数,防止塑料袋破损。此后,再做 1～2 次检查。一般接种后经 30～40 天,菌丝即可长满栽培袋。菌丝长满吃透栽培袋后可覆土出菇。

## (六)覆土及其管理

覆土的土粒要求具有毛细孔多,透气性良好,吸水、保水性能好,在洒水时不松散,不结块,同时具有持水性大的特点。根据当地条件,选用泥炭土、稻田土、菜园土、塘泥等做覆土材料。泥炭土是比较理想的覆土材料。

将选好的覆土材料捣碎加工成直径为 0.5～2 厘米的粒块,在太阳下暴晒 2～3 天。覆盖之前,土粒要喷水,含水量以20%～30% 为宜。同时用石灰调节 pH 为 6～7。最后喷洒2%福尔马林,并盖上薄膜,熏闷 2～3 天,以杀死土粒中的杂菌孢子和虫卵。两天后摊开,待药味完全散尽后方可使用。覆土方法与熟料栽培鸡腿菇相同,常见的有以下两种方法。

(1)袋内覆土 菌丝达到生理成熟后,将栽培袋袋口解开,并将袋口反卷下折或剪掉上面部分袋子,保留距栽培料表面 4～5 厘米长度即可。如果天气比较炎热干燥,袋口可拉直而不用下折,这样可以起到一定的保湿作用。将处理好的土轻轻地放入袋口,厚度 3～4 厘米,平整好土料表面,将菌袋整齐地竖直排放于地面或床架上。

(2)全脱袋覆土出菇　菌丝长满栽培袋后,用刀片剥去塑料袋,将菌棒排放于地面或畦床或床架上,袋间距为 2～3 厘米,菌棒间用土填充,然后进行表面覆土,覆土厚 3～4 厘米,对露出菌棒的地方要进行补土,要求覆土表面平整。地面、畦床、床架使用前几天必须进行消毒、杀虫处理。如果床架结构稳固,能承载较重的负荷,也可在床面先铺 3～5 厘米厚的土层,再将菌袋卧放在床架上,最后进行覆土。

## (七)出菇管理

在温度适宜的条件下,覆土后 15 天左右开始有原基出现。大杯伞子实体从现蕾到发育成熟,随着温度的升高而加快。在温度高于 34℃时,从原基形成到子实体采收需 4～6 天,但品质差;温度较低时则需 7～10 天,品质好,菌盖肉质肥厚。

**1. 湿度调控**　当土面上冒出棒形原基时,随着子实体的生长发育,逐渐增加喷水次数,喷水量应根据菇的大小、土的湿度和气候具体掌握。其原则是:菇多则多喷水,菇少则少喷水;晴天多喷,阴雨天少喷。幼菇期的空气相对湿度保持在 80%～90%,成菇期保持在 85%～95%;采收前停止喷水,空气相对湿度保持在 85% 左右即可。室外栽培要加强防雨措施,防止雨水灌入畦床,可在畦床上搭拱形竹架盖上薄膜遮雨,并把两侧薄膜卷起,以利于通风透气。子实体采收后根据气候情况停止喷水 3～4 天,降低覆土层含水量,改善通气状况,促使菌丝恢复生长,然后保持土壤湿润,直至下一批子实体发生。

**2. 温度调控** 大杯伞虽然在高温条件下也可出菇,但为了提高产品质量,出菇温度最好保持在 32℃ 以下。初夏和深秋气温偏低,可早晚关闭门窗保温,中午打开门窗通风。盛夏气温过高(高于 33℃ 以上)时早晚打开门窗通风、降温,中午关闭门窗避暑,防止热空气进入室内,并向地板、墙壁和空间喷水,通过水分蒸发降温。但在喷水时要开启门窗通风排潮。室外栽培可通过畦沟灌水降温,或加盖较厚的遮荫物,以减轻棚内光辐射;或将遮荫棚升高,加速空气对流,以降低荫棚内光辐射的热量。

**3. 光线调节** 大杯伞子实体发育需要一定的光照,在完全黑暗处子实体原基不能形成;在微弱的光照下,原基长成细长棒状,对菌盖的形成有抑制作用。但光照不宜过分强烈,其透光率应掌握在"三阳七阴"。盛夏光照过强,栽培室须加挂窗帘,菇棚上要加盖较厚的覆盖物。初夏、深秋把菇棚遮盖物摊稀,以增加光照和提高气温。

## (八)采收及转潮管理

当子实体发育到八成熟时便可采收,将菌盖和菌柄分别剪下,并分开放置,按要求整理装袋鲜销。如采后用于加工制罐,则应在子实体六成熟时采收。

每采完一潮菇后,应及时清理遗留在土壤中的菌柄基部(菇脚)、床面死菇和老化菌丝。采收第一潮菇后,停止淋水 3~4 天,以利于菌丝恢复,再进入下一潮的水分管理。经 20 天左右第二潮菇发生。一般可采收 3~4 潮菇,生物学转化率为 90% 左右。

# 第六章　长根菇栽培技术

## 一、概　述

长根菇 Oudemansiella radicata 为伞菌目、白蘑科、小奥德蘑属,是温带和亚热带地区夏、秋季生长的一种食用菌。其菌肉洁白细嫩,盖柄脆而爽口,味道鲜美,营养丰富。此外,长根菇还具有较高的药用价值,其菇体中含有一种长根菇素,也叫小奥德黄酮,不仅有很好的降血压及抗肿瘤的效果,还可起到抗生素的作用,可抑制霉菌类的生长。因此,长根菇作为一种食药兼用的珍稀真菌,有良好的市场前景。

野生长根菇多发生在土质偏碱、腐殖质较高的阔叶林地上,其细长的假根从土壤中的腐木吸收营养,是一种土生的木腐真菌。长根菇的人工栽培始于 20 世纪 80 年代末,历史很短。近年来,长根菇的栽培生产发展较快,在上海、浙江、福建等省、直辖市一带均有规模生产,其产品适于鲜售或制罐。

## 二、生物学特性

### (一)温　度

长根菇属于中偏高温型菇类,菌丝体生长所需的温度为5℃～34℃,最适温度为 22℃～25℃;子实体发生及发育所需温度为 15℃～32℃,以 26℃为最适出菇温度。长根菇属于变温结实型真菌,其原基的分化及生长需要一定的温差刺激。

## (二)水　分

长根菇菌丝生长阶段,培养料的含水量以60%左右为最适宜,其菌丝生长旺盛、洁白浓密,气生菌丝发达,长速及长势都达到最佳标准。培养料含水量高于70%或低于50%时,菌丝生长明显受到抑制。子实体发育阶段空气相对湿度要求在90%～95%。如湿度偏低,则容易造成菌盖破碎,严重时甚至无法形成子实体。

## (三)光　照

长根菇与其他食用菌一样,在菌丝生长阶段不需要光照,光线过强反而会影响其生长,促使菌丝老化同时降低其活力。长根菇原基分化阶段,在完全黑暗的条件下可形成像小蘑菇的白色菇蕾,但破土后子实体的生长要求有散射光线的刺激才能形成正常的色泽。因此,出菇时要保证菇房有充足的散射光线,林间栽培应选择"三分阴七分阳"的场所。

## (四)空　气

长根菇为好氧性菌类,整个生长发育过程均需要新鲜空气,尤其在子实体生长阶段,由于旺盛的新陈代谢,对氧气的需求加大,此时,如通风不良将积累过多的二氧化碳,会导致子实体发育受阻,不仅影响品质和产量,还容易导致病虫害的发生。

## (五)酸　碱　度

长根菇喜欢在偏酸性的土壤中生长,在pH 3～8范围内菌丝均能生长,以 pH6～7 为最适宜。在菌丝生长的过程中,由于呼吸作用及代谢积累会使 pH 下降,故在拌料时应将 pH 调到 7.5～8 为好。

# 三、栽培技术

## (一)栽培季节安排

根据长根菇生长发育所需的温度条件,菌丝生长及出菇的最适宜温度均为 26℃ 左右。采用料袋栽培长根菇,菌丝长满袋需要 30～40 天,菌丝长满袋后尚需 20～30 天的生理成熟才能出菇。因此,我国南方可采用春、秋两季栽培,春栽一般选择在 12 月份至翌年 1 月份制菌袋,3 月份至 6 月份出菇;秋季选择在 7 月上旬制菌袋,9～11 月份出菇。

## (二)栽培场地的选择

长根菇可在室内进行袋面覆土栽培,也可选择在室外荫棚下进行脱袋覆土栽培。栽培场地要求干净,远离畜禽棚舍,靠近水源。如在室外栽培,还须在棚的四周挖好排水沟。

## (三)栽培原料的配制

用于栽培长根菇的原料来源很广,大多数的农作物下脚料如各种杂木屑、棉籽壳、甘蔗渣、稻草、玉米芯、玉米秸等均可利用。各地可根据当地的资源条件,因地制宜地选择最佳的培养料配方。所用原料均要求新鲜、无霉变。因此,原料在使用前应经过暴晒。根据笔者的实践,可选用以下配方。

配方 1:杂木屑 70%,麦麸(或米糠)20%,玉米粉 6%,蔗糖 1%,磷酸二氢钾 1%,过磷酸钙 1%,石膏粉 1%。

配方 2:玉米芯 60%,稻草 17%,麸皮(或米糠)20%,糖 1%,过磷酸钙 1%,石膏粉 1%。

配方 3:棉籽壳 77%,麦麸(或米糠)15%,玉米粉 5%,蔗糖 1%,过磷酸钙 1%,石膏粉 1%。

配方 4:杂木屑 60%,玉米芯 20%,麸皮(或米糠)18%,糖 1%,石膏粉 1%。

配方 5:棉籽壳 50%,木屑 37%,米糠 10%,石膏 1%,过磷酸钙 1%,蔗糖 1%。

配方 6:棉籽壳 57%,甘蔗渣 30%,麦麸(或米糠)10%,蔗糖 1%,过磷酸钙 1%,石膏粉 1%。

配方 7:杂木屑 44%,甘蔗渣 30%,麦麸(或米糠)18%,玉米粉 6%,过磷酸钙 1%,石膏粉 1%。

按照配方称取各种原料,如使用稻草则应切成 10 厘米左右的长度,预湿后和其他原料混合均匀(其他原料不需要预湿,可直接混合均匀),然后调节水分,将含水量调节到60%～65%,用手握紧培养料,稍用力挤压,以指缝间看见有水渗出但不下滴为合适。以木屑、棉籽壳为主料的配方,在装袋灭菌前,应进行 3 天左右的预发酵,这样可减少菌包的污染,同时促进养分的分解,使菌丝早吃料。在预发酵的过程中,为防止厌氧发酵,在堆料上每间隔 1 米的地方打一通气孔。由于加入的米糠、麸皮、玉米粉、蔗糖等原料营养十分丰富,极容易吸引各种杂菌,因此在预发酵期间不能加入,只能在装袋的当天加入,否则将导致培养料酸败。

## (四)装袋灭菌

制作长根菇菌袋多采用规格为 17 厘米×33 厘米×0.05

厘米的聚乙烯(用于常压灭菌)或聚丙烯(用于高压灭菌)塑料袋,每袋装干料 300～400 克。批量生产的,可采用装袋机装袋。如采用手工装袋,要边装料边压实,并要求松紧适度,装好后不能有明显空隙或局部向外突出的现象。料袋一般装至袋高的 2/3,然后用绳子将袋口扎紧。由于常压灭菌设备简单,容量大,成本低,因此在生产上多采用常压灭菌灶进行灭菌,即灭菌温度上升到 100℃,后保持 10～12 小时,升温越快越好,最好能在 4～6 个小时内上升到 100℃,不然,升温时间过长会导致培养料酸败。灭菌结束后不能马上出锅,让栽培袋在灶内闷 1 天或 1 夜,以提高灭菌效果。闷袋后打开进料门,使温度自然降到 60℃ 以下时出锅,将栽培袋搬入事先用高锰酸钾加甲醛熏蒸好的接种室。

## (五)接种及培菌

将灭好菌的长根菇菌袋搬入接种室后,待菌袋温度降至与室温接近后便可进行接种。接种过程要严格按照无菌操作规程进行,每袋菌种可接 40 个栽培袋。

接种后的栽培袋通常搬入发菌室进行培养,也可直接放在通风较好的接种室发菌。为了充分利用空间,培养室可放置培养架,将菌袋放在培养架上培养。秋栽时气温较高,因此培养架上的菌袋之间应留有一定的距离,以利于散热。春栽时气温较低,菌袋可紧密排放。发菌室的温度应控制在 25℃～30℃,湿度不超过 70%,因长根菇菌丝生长期间要求通风和黑暗的环境条件,因此培养室要设有纱门或纱窗并且要适当遮光。接种后要经常检查菌丝生长情况,如有污染菌必须及时清除。一般经过 35 天左右,菌丝可以长满菌袋,此时,不能马上开袋出菇,需要继续培养 20～30 天,让菌丝继续积累养分,达到生理成熟(菌丝颜色逐渐变为浅褐色)时,才可转入出菇管理。

## (六)覆土及出菇管理

长满菌丝并已达到生理成熟的长根菇菌袋常用的覆土方式有两种:一种是在袋面直接覆土,即解开绳子并将袋口竖起,然后直接在袋面上覆2～3厘米厚的土层;另一种是脱袋覆土,即将菌袋的塑料薄膜剪掉,然后把长根菇菌棒横排或竖排于室内床架上或室外畦床上,每排放入3～5个菌棒。一般横排的菌棒之间不需要留空隙,每排可放入5个菌棒;竖排的菌棒之间应留3～5厘米的空隙,每排放入3～4个菌棒。摆放好后在菌棒上覆盖一层3～4厘米厚的肥土。覆土材料要求质地疏松,富含腐殖质,透气性和保水性要好,泥块直径以0.5～2厘米为好。覆土前先将泥土预湿,使含水量达36%。检验含水量的方法是:用手挤压泥块能压扁但又不粘手,则表明含水量适合;如果泥块压不扁或能压碎,则表明水分不够;如果泥块粘手,则表明水分过多。

长根菇属变温结实型,因此覆土后要将昼夜温差控制在10℃以上,以刺激原基的形成及发育。如自然温差达不到要求,白天应盖膜增温,晚上揭膜通风降温,把昼夜温差调控好。长根菇虽然在夏季35℃的高温下仍能出菇,但如果气温过高生长过快,子实体消耗大、积累少,子实体纤维化程度高,将影响其产量和品质。生产实践表明:出菇温度最好控制在26℃左右,如高于26℃时,要通风降温;低于26℃时,要注意盖膜保温。覆土后每天早晚向土面喷水保湿,使空气相对湿度保持在90%～95%。

## (七)采　收

　　长根菇覆土后,在上述的管理条件下,经 10～15 天便可在菌棒上形成原基并长出假根,原基先端膨大形成菇蕾冒出土面。在正常的环境条件下,出土的菇蕾经过 7 天左右的生长,菌盖开始平展,菌褶为白色并准备弹射孢子,此时子实体已达到八成熟,即为采收适期,应及早采收。采收时抓住菌柄基部,轻轻拔起,除去菌柄基部的泥土。及时采收是保证长根菇高产优质的关键环节,如子实体大量释放孢子、菌褶发黄时才采收,则子实体已过度成熟,将严重影响长根菇的品质,甚至失去商品价值。一般长根菇可采收 3 潮菇,生物学效率达80%左右。

# 第七章　高温蘑菇栽培技术

## 一、概　述

目前国内种植蘑菇的主要品种是双孢蘑菇,多属中低温型菌株,不适合南方春、夏季栽培。而高温蘑菇如新登96(属伞菌目、蘑菇科、蘑菇属)为典型的四孢蘑菇,在我国大部分地区的炎热夏季均能正常生长。它与双孢蘑菇相比,具有以下特点:①耐高温、耐旱、耐水、耐二氧化碳,抗逆性强,适合粗放管理。②对引起死斑病(Diedack)的病毒,甚至对双孢蘑菇致病性很强的轮枝霉、疣孢霉及胡桃肉状菌等,均有较强的抵抗能力。③开伞迟,受伤后不易变色,耐挤压,易贮藏,商品性状好,其鲜味和香味均优于双孢蘑菇。④其产量不如双孢蘑菇高,同时菇潮间隔时间较长,不耐低温,开伞后菌褶较快变褐,在制作罐头过程中易发生变色等。但只要管理得当,仍可获得较好的收成。因此,在我国夏季炎热、多雨的地区栽培高温蘑菇,可充分发挥菇农的技术及当地资源等优势,能更好地利用夏季闲置的菇房,投资少,见效快,效益高,有利于解决夏季炎热地区鲜菇供应紧张的问题,是生产者和消费者均能受益之举。故此,推广高温蘑菇栽培,具有良好的发展前景。

# 二、高温蘑菇的生物学特性

## （一）营　养

高温蘑菇同双孢蘑菇一样,在生长发育过程中所需要的营养物质主要有碳源、氮源、矿物质和维生素。其碳源可由秸秆(如稻草)及畜粪中的纤维素供给,但须经堆沤发酵。其氮源主要有蛋白质、尿素、氨基酸及铵等。其所需矿物质有钾、磷、钙、硫、镁、钠、铁、锌等。

## （二）温　度

高温蘑菇生长发育的不同阶段对温度的要求不同,菌丝生长温度范围较广,22℃～38℃均能生长,最适温为25℃～32℃,尤以26℃～28℃生长最佳,菌丝浓密、洁白。如低于22℃,菌丝则停止生长而现蕾。能忍受短时间的高温(40℃)。在高温条件下,生长虽受抑制,但重新回到适温时能迅速恢复生长。子实体生长温度为24℃～38℃,出菇温度为20℃～36℃,最适温为27℃～30℃。生长过程中能耐一定时间的40℃高温。温度偏低时,子实体生长速度变慢,菇型偏小,产量降低。

## （三）水分与湿度

高温蘑菇在整个生长过程中所需要的水分,来自于培养料、空气和土层。菌丝体生长阶段培养料的含水量要求达60%～62%,空气相对湿度在70%以下。子实体形成和发育需要较高的湿度,培养料表层的含水量要求达60%～62%,空气相对湿度为85%～90%,出菇后土层含水量应控制在

20%左右。如含水量过小,空气相对湿度偏低,则菇体生长缓慢、瘦小,其产量和质量明显降低。

### (四)空 气

高温蘑菇与双孢蘑菇相反,双孢蘑菇菌丝生长过程中喜欢氧气,高温蘑菇则喜欢二氧化碳。高温蘑菇菌丝生长阶段要求空气二氧化碳含量为 $0.1\% \sim 0.5\%$,比双孢蘑菇要高。高温蘑菇子实体生长要求二氧化碳含量为 $0.05\% \sim 0.1\%$。如果菇房二氧化碳含量在 $1\%$ 以上时,则高温蘑菇菇盖小,菇柄细长,容易开伞。所以,菇房应具有良好的通风设备,以经常补充新鲜空气。

### (五)酸 碱 度

高温蘑菇要求中性偏碱的环境,这是因为高温蘑菇培养料在新陈代谢过程中会不断放出二氧化碳和一些酸性物质(如草酸和碳酸)。因此,入室前培养料 pH 应调到 $8 \sim 8.5$。

### (六)光 照

高温蘑菇对光线反应不敏感,在散射光和无光环境下,菌丝和子实体均可正常生长发育。但直射光则会使子实体变黄、表面硬化,因此要注意防止直射光的照射。

## 三、栽培技术

### (一)季节安排及品种选择

**1. 栽培季节** 栽培高温蘑菇的目的在于填补蘑菇夏季

栽培的空当,使蘑菇实现四季供应。因此,如何合理地安排高温蘑菇的播种时间显得尤为重要。各地应根据高温蘑菇生长对温度的要求,结合当地的自然气候条件,适时合理地安排栽培季节。例如,广西东部地区可安排在 4～8 月份栽培,一般在 4 月中旬进行堆料,5 月上旬播种,5 月下旬覆土,6 月中旬即可出菇,8 月底前结束,这样秋菇的栽培则不会受到影响。广西南宁地区安排在 3 月下旬至 10 月中旬播种,4 月下旬至 11 月下旬开始出菇最为适宜。

**2. 栽培品种** 选择适宜的高温型菌株,是高温蘑菇栽培获得高产优质的前提。目前,较耐高温的高温蘑菇菌株是新登 96,该菌株发菌温度为 18℃～36℃,最适发菌温度为 25℃～33℃;出菇温度为 20℃～36℃,最适出菇温度为 24℃～33℃,是目前最耐高温的菌株。其特点是出菇整齐,子实体色泽洁白,菇形圆正,菇肉致密、厚实,菇味纯正,口感脆嫩,加热时颜色纯正,采后 2～3 天不易变色、开伞,易贮藏保鲜。但菌丝发菌速度慢,分解力较弱,对培养料质量要求较高。

### (二)栽培方式和设施

**1. 栽培方式** 高温蘑菇与低温双孢蘑菇栽培方式大体相同,主要有床架式栽培、畦式栽培、箱式栽培 3 种。但选用水田做畦栽培和利用蔗田、蕉园、果园、林地、山坡地与其他作物套种时应注意防止高温、刮风、下雨等自然气候的影响;同时,土壤中潜在的不利因素也较多,要注意加强土壤的杀虫消毒处理和菇棚遮荫、防雨、畦床降温等管理措施,以避免菇体感染病虫害。

**2. 栽培设施** 可利用现有蘑菇房或塑料大棚等常规蘑

菇栽培设施,以节约设施投资,提高菇房利用率。但应选用没有发生过或周围菇房没有发生较大病虫危害特别是没有发生过胡桃状菌危害的菇房。生产前必须对菇房和床架进行彻底清洗和消毒,并在栽培前用敌敌畏和硫黄(1∶1)或高锰酸钾和甲醛(1∶2)密封熏蒸2~3次。进料前2天开门窗排除气体。新建菇房选择在地势高爽、近水源、排灌通畅、交通便利但远离交通主干道的地方搭建;同时该地周围必须没有污染源,水质要清澈、空气要清新。一般用竹木搭成高1.8米、宽2.5米、长15米左右的"人"字形矮棚,棚架上覆盖塑料薄膜,其上再加盖一层草帘,以达到遮阳降温的目的。由于夏季气温高,菇房内湿度大,易发生病虫害,因此必须重视菇房的消毒灭菌工作。

### (三)培养料配方及堆制发酵

**1. 培养料配方** 栽培原料是高温蘑菇生长的物质基础,培养料的科学配制与栽培的产量和质量密切相关。由于高温蘑菇出菇时期相应较短,因此必须保证其足够的氮素营养,在培养料配比上适当增加氮素含量,才能获得高产。一般碳、氮比要控制在28~31∶1,总氮量占1.6%~1.7%。采用的稻(麦)秸要新鲜、干燥、无霉变。常用配方有以下几种(以110平方米栽培面积计算用量,单位为千克),各地可因地制宜选择采用。

配方1:干稻草1 500,干牛粪250,菜籽饼100,尿素、过磷酸钙各25,石膏、石灰各50。

配方2:干稻草3 000,猪、牛粪(干)1 000,菜籽饼150,尿素20,石膏、石灰各50,过磷酸钙25。

配方3:干稻秸或麦秸2 000,尿素20,菜籽饼50,石膏

50,干猪粪 800,米糠或麸皮 60,石灰约 80,增温剂 1。

配方 4:稻秸或麦秸 1 600(其中麦草占 1/4～1/3),硫酸铵 25,尿素 7.5(或单用尿素 20),石膏 50,过磷酸钙 60,干牛粪粉 500(或等量猪粪粉或禽粪粉 350～ 400),新鲜米糠 60,增温剂 1。

**2. 培养料的堆制与发酵**　培养料的堆制与发酵是高温蘑菇生产的关键技术所在。若发酵不好,则直接影响到菌丝的发菌质量、病虫害的控制甚至关系到栽培的成败,因此高温蘑菇培养料要求采用二次发酵法。

高温蘑菇培养料建堆发酵的工艺流程如下:

预湿→建堆→第一次翻堆→第二次翻堆→第三次翻堆→进棚→后发酵→结束

(1)预湿　建堆的前 2 天,将稻秸预湿(用浸水或淋水的方式使其充分吸足水分,含水量达 70%左右,感官测定以手紧捏滴水 3～5 滴为宜);同时把牛粪干捣碎预湿均匀。

(2)建堆　在堆料场堆成宽 1.5～1.8 米、长自定的料堆,周围挖沟,使场地不积水,底层铺 30 厘米厚的稻秸;然后交替铺上牛粪(3～5 厘米厚)和稻秸,每层高度为 20 厘米左右,层数为 6～10 层,一直堆到料堆高达 1.5 米以上。待料内温度升至 65℃时开始计算时间,保持 3～4 天即可翻堆。

(3)第一次翻堆　根据天气情况,培养料经过 5～6 天均匀发酵后进行翻堆,浇足水分,并分层加入所需的尿素(或铵肥)和过磷酸钙等。

(4)第二次翻堆　在第一次翻堆约 4 天后进行,并设排气孔。在翻堆时,应尽量抖松粪草,加入的石膏分层撒在粪草上。这次翻堆原则上不浇水,对较干的地方可浇少量水。

(5)第三次翻堆　第二次翻堆后 3～4 天进行,中间设排气孔,以改善通气状况。应将粪草均匀混翻,将石灰粉和碳酸钙混合均匀后分层撒在粪草上,2~3天后进棚。

翻堆时应注意上下、里外、生料熟料相对调位,把稻秸抖松,干湿料拌和均匀,各种辅助材料按翻堆程序均匀加入,翻堆后用敌敌畏1 000倍液喷料堆及四周,以预防害虫。

前发酵料成熟的标准:颜色呈咖啡色,生熟度适中,有韧性而又不易拉断,疏松,含水量为65%~68%,pH 7.5~8.5。若料偏干,应加石灰水调至适宜含水量,一般用手握紧料有5~7滴水滴由指缝渗出即为适宜。

(6)进棚　把经前发酵的培养料趁热迅速搬进菇房,要求当天完成,底层和顶层床架不要放培养料。堆放时要求料疏松,厚薄均匀。

(7)二次发酵　培养料进棚后,关闭门窗,让其自然升温2天,而后进行蒸汽外热巴氏消毒。每个菇棚可采用4个汽油桶改装成的蒸汽发生炉灶外加热,使菇房温度升至60℃~62℃,保持4~6小时。然后通风使棚内温度自然下降并保持48℃~52℃,维持3~4天(视料的腐熟程度而定),在此期间每天小通风1~2次,每次通风十多分钟。

培养料二次发酵结束后,打开门窗通风,待培养料温度降至35℃左右时,把培养料均匀摊于各层,上下翻透抖松。如果培养料偏干,可适当喷洒用冷开水调制的石灰水,并再翻料1次,使之干湿均匀;如果培养料偏湿,可将料抖松并加大通风,降低料的含水量。培养料厚度为20~25厘米。

培养料二次发酵合格标准:培养料呈深咖啡色,腐熟均匀,富有弹性,禾秆类用手轻轻一拉即断;含水量为60%~65%(用手握料有湿印而无水滴),pH 7~7.5;无臭味、异味,具有浓厚的料香味;料内及床架上出现大量白色粉状放线菌。

### (四)播种及播后管理

**1. 播种**  二次发酵后,料温降至 35℃ 以下时即可播种。播种时,要选用优质、高产、抗逆性强、适应性广、商品性好的高温蘑菇品种。播种量为麦粒菌种 1.5 瓶/平方米或棉籽壳菌种、稻草菌种 2 瓶/平方米。先将 2/3 的菌种播在料层上面,使其深入料中约 1/4 处,耙平料面,然后将余下的 1/3 菌种撒播在料面。也可采用穴播加撒播法。播种后覆盖报纸,用喷雾器把报纸喷湿,但不留积水,每日揭报纸 2～3 次,揭后再盖好报纸喷湿为止,以达到保温保湿的目的。

**2. 播种后管理**  高温蘑菇发菌阶段正值高温时期,此时的管理原则是保温、保湿、控气。将菇房温度控制在 27℃～32℃,相对湿度控制在 70% 左右。播种后第二天菌丝开始萌发,第三天要注意通风换气,排除菇房内的闷热气体,以免霉菌滋生;播种后 7～10 天,菌丝基本封面后,逐渐加大通风量,防止菇房长时间处在高温、闷湿的条件下,促使菌丝整齐往下吃料。当菌丝布满料面并深入培养料的一半后,在菇房(棚)内每周喷敌敌畏 500 倍液防虫 1 次。一般播种后 15～20 天,菌丝吃透培养料 2/3 或吃到料底时即可覆土。

### (五)覆 土

覆土材料要求含有丰富的腐殖质、肥力中等,透气性良好,吸水、保水性能好。可用菜园土或稻田土做覆土材料。使用前先将土打碎成直径 0.5～2 厘米的土粒,而后进行杀虫灭菌处理:1 立方土喷洒 5% 甲醛溶液 10 升,盖膜熏蒸 48～72 小时,揭膜加入 1% 石灰(调节 pH 为 7.5 左右)翻拌均匀和排尽残留的甲醛即可上床覆土。采用一次性覆土,土厚 3 厘米左右,要求厚薄均匀。覆土后 3 天内用石灰水将覆土充分调湿,可采取轻喷勤喷的办法逐步调至所需的湿度,控制含水量在 20%(用手能握成团,落地即散)。调水应安排在晚上进行,并打开门窗通风,待土粒上的水珠吸干后再关好门窗保湿、发菌。一般正常情况下覆土后 5～7 天菌丝开始爬上土表,搭料吃土,此时菇棚要适当加大通风换气,保持覆土湿润,促使菌丝生理成熟。

## (六)出菇管理

覆土后约 15 天菌丝开始扭结成原基,此时正是高温季节,应严格控制菇房内的湿度和温度,正确处理喷水、通风、保湿三者的关系。

**1. 水分管理** 出菇阶段的水分调节应因天、因床、因菇而定,首先应调足结菇水和出菇水:覆土后菌丝开始扭结成原基时进行通风、喷细水,使床面始终保持湿润状态;当菇蕾长到黄豆粒大小时,喷出菇水的用量应稍多些,最好在早、晚进行,使菇房菇棚内的空气湿度保持在 85%～90%,同时应加大菇房的通风,在气候闷热空气流动性差或阴雨天空气湿度大时,可不喷水或少喷水。

**2. 温度管理** 高温蘑菇出菇最适温度为 27℃～30℃,当室内温度大于 34℃时,白天应注意适当关门窗,除留部分窗户通风外,晚上气温下降后再适当开大门窗,以确保菇房温度在适宜值范围内。在夏季,可架设遮阳网,加厚屋顶草帘,以减轻太阳辐射,降低环境温度。

**3. 做好病虫害的防治工作** 高温蘑菇虽然具有较强的抗病能力,但由于生长期正处于高温、高湿环境中,且生长期长,特别容易受到木霉、胡桃肉状菌、细菌伴舞病菌、线虫和螨类的危害。因此,在栽培中要特别注意这类病虫的发生和发展,其防治方法与双孢蘑菇栽培相同。

## (七)采收及潮间管理

当高温蘑菇长到直径为 3～4 厘米、内菌膜尚未破裂时便可采收。一般 1 天采 1～2 次。采收的蘑菇应及时运往市场销售或放入 0℃～5℃ 的冷库保鲜,待量或待市出库,出库时最好用泡沫箱加冰块保温运输。一般栽培每季可采收 3～5 潮菇,每潮间隔 7～10 天,每平方米产量 7～9 千克。

高温蘑菇采收后应及时清理菇床,处理掉残菇、病菇、杂菌等,停止喷水 2 天,待菌丝恢复后再行喷水。在 1～2 天内把水调到位,调水方法同前,同时在菇棚周围及床面喷敌敌畏 1 000 倍液 1 次。潮间可用 0.1%～0.2% 石灰水调节。

# 第八章 竹荪栽培技术

## 一、概　述

竹荪又称"竹笙"、"竹菌"等,为担子菌亚门、腹菌纲、鬼笔菌目、鬼笔菌科、竹荪属,是一种珍稀食用菌。它形态艳丽,清香袭人,素有"真菌皇后"的美称。

竹荪营养丰富,味道鲜美,是宴席上的名贵菜肴。竹荪的药用价值也很高,能防治高血压、高胆固醇和肥胖病。把竹荪和糯米一起煮水饮服,有止咳、补气、止痛的功效。竹荪还具有防腐作用,将竹荪与肉同煮,即使在炎热的夏天也能保持几天不腐,而仍保持着肉的鲜味。竹荪的防腐作用已引起研究人员的重视。

目前,种植的竹荪品种主要是长裙竹荪、棘托竹荪、短裙竹荪和红托竹荪,统称为竹荪。竹荪在人工驯化栽培没有得到突破之前,价格昂贵,可与黄金相比。现在,科研工作人员已成功选育出抗逆性强、生长快、产量高的新品种,从而使竹荪人工栽培得到了快速的发展。

## 二、竹荪对生育条件的要求

### (一)营　养

竹荪属腐生真菌,对营养没有严格的选择性,可利用竹子及其加工废料、阔叶树木段及其废料、农作物秸秆做栽培竹荪的培养料,以满足竹荪生长发育对碳素营养的需要。竹荪生产需要较高的氮素水平,碳、氮比为 20～30∶1。在培养基中,常用麦麸、米糠、玉米粉、蛋白胨或尿素等作为氮素营养物质。竹荪还需要磷、钾、镁、硫等矿质元素及其他微量元素,也需要微量的维生素,这些成分一般在培养基和水中就已含有,不必另外添加。

## (二)温　度

自然生长的竹荪发生时间是 4～7 月份和 9～11 月份。竹荪的品种不同,对温度的要求也不一样:长裙竹荪、短裙竹荪和红托竹荪是中温型菇类,子实体形成适温范围为 16℃～28℃;棘托竹荪是高温型菇类,对夏季的高温具有较强的适应能力,子实体发育适温范围为 28℃～33℃。

## (三)湿　度

竹荪菌丝生长阶段,培养基的含水量要求控制在 60％～70％之间;菌蕾处于球形和卵形期,空气相对湿度以 80％左右为宜;破口期空气相对湿度应提高到 85％左右;菌柄伸长期以 90％为佳;菌裙开张时,空气相对湿度应提高到 95％。

## (四)空　气

竹荪是好气性真菌,其菌丝和子实体生长均需要有足够的氧气。在含水量偏高和土壤通透性差的情况下,其菌丝生长不良甚至窒息而死亡。在其子实体生长阶段,如缺乏氧气则子实体原基很难形成。空气对竹荪栽培的成败和产量的高低影响极大。因此,要注意其栽培料的通气管理。

### (五)光 照

竹荪对光照不太敏感,菌丝在没有光线的情况下仍能生长良好。在强光下,竹荪生长缓慢,并产生色素,容易衰老,在直射阳光下还会死亡。竹荪菌蕾的分化和发育无须光照刺激。在其子实体发育阶段,允许有微弱散射光照。

### (六)酸 碱 度

竹荪喜偏酸性环境。在自然界里,竹荪生长的土壤 pH 多在 6.5 以下,长过竹荪的基质 pH 均在 5 以下。竹荪菌丝生长的培养料 pH 在 5.5～6 为宜,子实体生长的基质 pH 在 4.5～5 为好。

# 三、栽培技术

## (一)栽培季节

不同的竹荪品种对栽培季节的要求不同,对栽培方式、最佳季节的选择也不一样。一般来说,短裙竹荪、红托竹荪在 3～4 月份和 9～10 月份播种最佳;长裙竹荪在 4～5 月份和 8～9 月份栽培最好;棘托竹荪则需在 3～9 月份栽培才能在当年取得效益。各地可因地制宜,根据竹荪各品种子实体对温度的不同要求决定栽培季节,选择各品种最适宜菌丝生长的月份之前 30～40 天播种,使子实体在最适宜的月份出菇。栽培种及栽培材料应在播种前 1 个月左右准备好。

## (二)原材料的配制及配方

各种竹类的根、茎、叶,阔叶树的枝条,木屑,玉米秸,玉米芯,花生壳,甘蔗叶,甘蔗渣等农作物下脚料均可做竹荪培养料;棘托竹荪还可以用针叶树下脚料栽培。但不管是什么材料,均须充分晒干,不能霉烂变质;一般枝条不能过粗,直径以小于2厘米、长度以10～20厘米为宜。玉米芯、豆秸等要粉碎成颗粒状。栽培主料(粗料)与辅料(细料)相配合,粗、细比例为3∶1或4∶1,以利于透气,便于菌丝的生长和蔓延。

竹荪生产中常根据原料来源的不同采用相应的配方。以下介绍3种竹荪栽培的培养料配方,供各地竹荪生产者参考。

配方1:以稻草、麦秸、玉米秸、木屑等为主,粗料80%,细料15%,尿素2%,饼肥2%,石膏粉1%,含水量为60%,pH 5～6。

配方2:竹木枝条(切短)70%,碎竹枝叶10%,木屑10%,碎黄豆秸5%,饼粕肥3%,过磷酸钙2%。

配方3:甘蔗渣78%,玉米秸10%,麸皮10%,石膏粉2%。

在竹荪栽培中,根据其不同的生产规模及栽培方式,对原材料的处理可分别采用不同的方法。常用的有以下两种方法。

一是发酵料栽培法。这种方法在竹荪大规模生产中较常采用,栽培效果好。其具体方法是:将竹木枝条等主料用3%石灰水浸泡1～3天后捞出沥干,与其他原料(饼粕肥、尿素、过磷酸钙等)拌匀后混合建堆,堆高1～1.2米,宽1.5米,长1.5米以上,堆好后用草或麻袋覆盖。在配料时,如含水量偏低,可用浸泡过竹木枝条的水补充。堆置发酵1周左右,待料温升至 60℃～70℃、内层出现大量白色放线菌时翻堆,共翻堆 2～3 次,料温不再上升时即可使用。

二是生料栽培法。该方法简单易行。其具体做法是:粗料用 3%～5% 石灰水浸泡 4～5 天,取出后冲洗至 pH 为 7;细料用 3% 石灰水浸泡 2～3 天,取出后冲洗至 pH 为 8。将粗细料混合即可栽培使用。

### (三)栽培方法

竹荪的栽培方法很多,有室外畦栽、室内床栽、室内压块栽培、盆栽以及与农作物或林木间套种等多种方法。以下介绍常用的室外畦栽方法。

**1. 场地选择** 选土质肥沃、呈弱酸性、既有保湿条件又便于排水的地块做栽培场地,也可以因地制宜在林下、竹林、果树下进行栽培。

**2. 整地做畦** 栽培场地事先做好规划,留出人行道,挖好排水沟,清除枯枝、石块,有条件的场地挖宽 80～100 厘米、深 20 厘米的畦;长度视场地而定,一般以 10～15 米为好。畦与畦之间设人行通道,宽 20～30 厘米,畦床为"龟背形",畦床距离畦沟底 25～35 厘米,以防止积水。若竹林之内不便做规格的畦,可见缝插针,宽窄深浅不论。场地干燥的畦宜深挖,场地潮湿宜浅挖,四周和畦面撒石灰和杀蚁农药,也可以用敌敌畏溶液喷洒进行消毒。畦面上要搭遮荫棚,防止阳光直射;棚高 1.8 米以上,以便于操作。棚顶用树枝、甘蔗叶或草覆盖,造成"七分阴、三分阳"的郁闭环境。如果在竹林、果树下进行套种,果园、林场的林果树木郁闭,遮荫条件良好,可不用搭棚。林果树木每天呼出大量氧气,对竹荪子实体生长发育十分有利,这些天然的环境为免棚栽培竹荪创造了良好的生态条件。

**3. 播种方法**　播种前,操作人员首先对手、用具和菌种瓶表面进行消毒,而后在畦床上铺放 5 厘米厚的栽培料,上面撒一层菌种(也可点播),然后盖一层栽培料,再播一层菌种,最后薄薄地撒一层料(厚约 1 厘米)盖面即可。每平方米面积用料 20 千克左右,菌种 3～4 瓶。要一边堆料,一边播种。其中下面两层用一半菌种,第三层用另一半菌种。堆料播种后,在畦床表面覆盖一层 2～3 厘米厚消毒过的腐殖土或菜园土,土的含水量以 18％为宜。覆土后再用竹叶、芦苇、玉米秸或甘蔗叶铺盖表面。如气温低于 15℃,可盖薄膜;如高于 15℃,则最好盖上 20 厘米厚的竹枝叶。

**4. 管理**　播种后,在正常温度下培育 25～30 天,菌丝便爬上料面,此时可把盖膜揭开,用茅草等覆盖在畦床上,以利于小菇蕾形成。菌丝经过培养不断增殖,吸收大量养分后形成菌索并爬上料面,由营养生长转入生殖生长,很快转为菌蕾,并破口抽柄形成子实体。出菇期栽培料的含水量以 60％为宜,覆土含水量低于 20％,空气相对湿度以 85％左右为好。菌蕾生长期,必须早晚各喷水 1 次,保持相对湿度不低于85％。菌蕾膨大逐渐出现顶端凸起,短时间内即破口抽柄撒裙。

管理是否科学合理与产量高低有密切的关系。播种后的管理主要有两点:首先是湿度管理。对竹荪栽培而言,湿度管理包括培养料的湿度、覆盖土的湿度和空气相对湿度三个方面。在发菌阶段,要控制好培养料的湿度,这样才能保证菌丝的正常生长,为高产打下基础。栽培料的含水量以 60％～65％为宜,实际操作中以用手使劲捏料无水挤出即可。在菌丝未走满栽培料前,应避免雨水淋,畦沟内也不宜长期积水。

在发菌后期和出菇阶段,要注意覆土的湿度,以利于菌丝进入土壤,形成菌索进而长出竹荪。土壤湿度一般控制在用手捏土粒能捏扁但不粘手为度。出菇阶段则应侧重于畦面空气相对湿度的控制。一般覆土层发白要多喷、勤喷,菌蕾小轻喷,菌蕾大重喷,阴雨天不喷或少喷,晴天多喷。气温在 25℃ 以下时喷水次数要少,但量要足,30℃ 以上时喷水宜少量多次。其次是温度管理。栽培竹荪主要通过合理安排季节,在自然温度条件下生长发育。温度管理应注意以下几点:一是若在低温季节播种,应在畦面覆盖一层稻草和薄膜保温,使培养料的温度在 15℃ 以上;二是在高温天气要及时遮荫,避免菌种或菌丝被晒死;三是在出菇阶段若遇上高温天气,要加厚遮阳物,避免菌球在高温下萎缩死亡。

**5. 采收加工** 竹荪一般是清晨 5 时破口,9~10 时撒完裙并停止生长,10 时以后品质就开始下降,中午就开始萎蔫。所以,最适宜的采收时间是 9~10 时,最迟 11 时要采收结束。采收时应用锋利的小刀从菌托底部切断菌索,不能用手扯拉,以免伤害菌索,影响下一潮出菇。采后要马上剥离菌盖和菌托,因为菌盖上有孢子,时间长会吸收水分液化而污染菌柄和菌裙。采收中要保持竹荪的干净和完整,不要弄破菌裙,被孢子液和泥土污染的竹荪要用清水洗净。装竹荪的篮子要用薄膜或纸垫上,以免擦伤竹荪。

竹荪采收后要马上干制。干制有日晒法和烘烤法两种方法。用水洗过的竹荪不能立即烘干,否则颜色污暗将降低等级。干制后的竹荪放入塑料袋中,保存在通风、干燥、低温的地方,还应经常检查,若发现回潮变软应及时摊晒或用文火烘干。

# 第九章　毛木耳栽培技术

## 一、概　述

毛木耳为层菌纲,有隔担子菌亚纲、木耳目、木耳科、木耳属。毛木耳是高温型食用菌,主要分布在热带和亚热带地区。与黑木耳相比,虽然其质地较脆硬,耳背毛层较浓厚,品质上相对比黑木耳差,但是营养组成与黑木耳基本相似。毛木耳子实体背面的茸毛层含有丰富的木耳多糖,具有较高的抗肿瘤活性,并含有适量的粗纤维,能促进人体胃肠的蠕动,帮助消化、吸收与代谢。此外,毛木耳还具有滋阴强阳、清肺益气、补血活血、止血止痛的功效,经常食用可提高人体免疫力。在栽培上,比较黑木耳而言,毛木耳具有产量高、适应性强、对病虫害及不良环境的抵抗力强、出耳快且整齐、产量稳定等优势。

毛木耳的栽培方式有代料栽培及段木栽培两种。与段木栽培相比,代料栽培具有以下优势:材料资源丰富,而且不影响育林;生产成本低,生产周期短,生物转化率高。因此,目前木耳的代料栽培已取代传统的段木栽培方式,成为木耳的主要栽培方式。

本章从毛木耳的生物学特性及栽培季节安排、培养料的选择与配制及灭菌要求、发菌期管理、出耳管理等方面,介绍毛木耳的代料栽培技术,对毛木耳段木栽培技术不做介绍。

# 二、生物学特性

## (一)温　度

毛木耳属高温型菌类,整个生长发育过程能适应较广的温度范围,菌丝体在8℃～35℃下均能生长,以25℃左右为最适宜,低于15℃生长缓慢,高于32℃以上菌丝生长受抑制,35℃以上的温度会使菌丝自溶甚至死亡;子实体分化和生长发育的温度范围是18℃～35℃,以24℃～30℃为最适宜。

## (三)水　分

毛木耳为喜湿性菌类,其生长发育要求较多的水分。因此,野生毛木耳往往是在夏季的雨后大量发生。毛木耳代料栽培,培养料含水量要求控制在60％～65％,菌丝生长阶段空气相对湿度要求在65％左右,出耳期间空气相对湿度应提高到90％～95％;出耳后若湿度太小,子实体会干缩而影响其正常生长。

## (三)光　照

毛木耳在菌丝生长阶段不需要光照,光线过强反而影响其生长,促使其菌丝老化同时降低活力。但在子实体生长阶段,需要有散射光线的刺激才能促进耳基的分化及生长,适宜的光照强度在300～800勒之间,过强或过弱的光线均将影响耳片的色泽从而影响其品质。

### (四)空 气

毛木耳为好氧性菌类,其菌丝生长和子实体在发育过程中均需要新鲜空气,尤其是在子实体生长阶段,如通风不良而积累过多的二氧化碳对原基的分化将产生抑制作用,并易导致病虫害的发生。

### (五)酸 碱 度

毛木耳菌丝的生长以 pH 6～7.5 的微酸性环境为适宜。但在菌丝生长的过程中,由于呼吸作用及代谢积累会释放出一些酸性物质而使 pH 下降。因此,在拌料的过程中将培养料的 pH 值调到 7.5～8 为好。

# 三、栽培技术

## (一)栽培季节安排

毛木耳菌丝生长及出菇的最适宜温度均在 25℃左右。在我国南方,一般选择在 1～3 月份接种,4 月份日平均温度上升至 20℃以上便开始陆续出耳。如能采取一些保温措施,接种日期可提早些,此时气温较低,可抑制杂菌生长;如保温较好,菌丝定殖较快,可提早出耳。

## (二)培养料的配制

用作毛木耳代料栽培的原料很多,如木屑、棉籽壳、蔗渣、玉米芯、玉米秸、木薯秆、桑树枝条、豆秸等,均可用于栽培毛木耳。不同地区可以因地制宜地选择不同的原料。原料使用前最好事先经过暴晒,使其干燥、无霉变。玉米芯、玉米秸、木薯杆、桑树枝条等需经粉碎才能用作培养料。

以下介绍用木屑、棉籽壳、蔗渣、稻秸、玉米芯等几种最为常见的原料配制的配方。

配方 1:杂木屑 78%,麦麸(或米糠)20%,蔗糖 1%,碳酸钙 1%。

配方 2:稻秸(切碎或粉碎)60%,杂木屑 16%,麸皮或米糠 20%,糖 1%,过磷酸钙 1%,石膏 1.2%,石灰 0.5%,硫酸镁 0.2%,硝酸钙 0.1%。

配方 3:棉籽壳 44.5%,杂木屑 44.5%,麦麸 8%,蔗糖 1%,碳酸钙 2%。

配方 4:杂木屑 70%,玉米芯 10%,稻秸粉 10%,黄豆粉 6%,石膏 3%,石灰 1%。

配方 5:木薯秆 68%,杂木屑 10%,麸皮 20%,过磷酸钙 1%,石膏 1%。

配方 6:棉籽壳 57%,稻秸 30%,米糠 10%,石膏 1%,过磷酸钙 1%,石灰 1%。

按照配方称取各种原料,如使用稻秸则应切成 10 厘米左右的长度,并在水中浸泡 24 小时后沥去多余水分,再和其他原料混合均匀并用水充分拌匀,调水时含水量要求控制在 60%~65%,即在拇指及食指间放入一些培养料,稍用力挤压,在指缝间看见有水渗出但不下滴为合适。如果用木屑、棉籽壳作为主料的配方,应进行 3 天左右的预发酵再装袋,这样可以减少菌袋的污染,同时可促进养分的分解,使菌丝早吃料。在原料预发期间,不能加入米糠、麸皮、玉米粉、蔗糖等营养丰富的原料,只能在装袋前加入,否则容易吸引杂菌,使培养料发酸,影响灭菌效果。

### (三)装袋及灭菌

用来装毛木耳培养料的塑料袋有两种：一种是用于常压灭菌的聚乙烯筒料袋；另一种是用于高压灭菌的聚丙烯筒料袋。生产上多使用聚乙烯筒料袋。其袋子的规格一般是17厘米×33厘米×0.05厘米（也可用15厘米×55厘米×0.045厘米的长袋）。每袋可装干料350～450克，湿料800克左右。手工装袋要边装料边压实，要求松紧适度，装好后不能有明显空隙或局部向外突出现象。料袋装至袋高的2/3即可，然后用1根木棒在料袋中间打一直径为2厘米、深度为15厘米的接种孔，以便接种后菌种可从袋子中间向四周萌发，从而加快菌丝的生长。打好接种孔后，用绳子将袋口绑紧，也可直接套上套环，并用无棉塑料盖盖好，目的是为了增加通气性，促进菌丝的生长。如进行批量生产，可以用机械装袋，机械装袋比人工装袋快，装袋质量更好。

装好的菌袋要及时装锅灭菌，否则将导致嗜热微生物大量繁殖，使袋内培养料发生酸败。灭菌的好坏是影响毛木耳产量的关键一环。在实际生产中多采用常压灭菌，因为常压灭菌设备简单，容量大，成本低。采用常压灭菌，要求升火要快，火力要旺，力求在4～6个小时使锅内温度上升至100℃，以控制这段时间微生物的繁殖。当灶内温度达到100℃以后开始计时，持续100℃以上的温度10～12小时，才能达到彻底灭菌的目的。灭菌结束后不能马上出锅，要求栽培袋在灶内闷1天或1夜，以提高灭菌效果。之后打开进料门，使温度自然降到60℃以下时出锅，将栽培袋搬入接种室。

## (四)接种及培菌

接种前要对接种室进行灭菌处理,通常采用甲醛和高锰酸钾反应熏蒸消毒,也可采用"气雾消毒剂"等新型消毒药剂。接种时,袋料温度要降至 30℃左右,接种过程要严格按照无菌操作规程进行,接种人员先用 75%酒精擦拭双手及菌种袋表面进行消毒,而后打开菌种袋将表面老化的菌皮铲除掉,再把菌种接入袋面或接种孔处,这样有利于菌丝恢复生长后向四周蔓延,减少杂菌污染。每袋菌种可接 40~50 个菌包,每个菌包只接一头。

接种后的菌包通常搬入培养室进行培养,如接种室较大且通气性、保温性较好,也可在接种室进行培养。如果将栽培袋搬进培养室发菌,事先要对培养室进行清洁并进行消毒处理(消毒方法同接种室的灭菌)。为了充分利用空间,培养室可放置培养架,将栽培袋放在培养架上培养。栽培袋搬入时要轻拿轻放,避免杂菌污染,直立放在地上或培养架上。因毛木耳菌丝生长期间不需要光线,所以培养室要求黑暗,门窗要进行遮光处理。在培菌期间,培养室温度要控制在 30℃左右,空气相对湿度在 60%左右。培菌前 7~10 天内,尽量不要翻动栽培袋,以防止空气震动,杂菌孢子从袋口进入培养料,7~10 天后菌丝开始向培养料四周延伸,此时可进行污染检查,如发现有污染的菌袋,要及时清除出培养室。毛木耳在菌丝生长的整个过程均需要氧气,特别在菌丝生长的中后期,随着菌丝量的增加,氧气的需要也随之增大。因此,培养室要加大通风,适当延长通风时间,以保持培养室内空气新鲜。在上述条件下经过 45~50 天的培养,菌丝将长满全袋。

## (五)开袋出耳及出耳管理

毛木耳菌丝长满袋后不能马上出菇,还需要经过 7～10 天的培养,使袋内菌丝颜色变深,袋表面开始出现透明的圆形小点,达到生理成熟,才能转入出耳管理阶段,此时应给予 3～4 天的散射光诱导,然后用 0.2%高锰酸钾浸洗菌袋,进行表面消毒处理,用 75%酒精消毒刀片后在菌袋表面四周开"V"字形或"十"字形口,每袋均需划口,可分 2 层划,每层划 4 个,共划 8 个口;上下层间应错开成"品"字形,划口的深度以刀片划入菌膜 0.03～0.04 毫米深为宜。划口后的菌袋可直接立在耳场的地面上或架子上。也可采用挂袋出耳的方法,即用绳子扎紧袋口,并用小钩悬挂在架子上。

划袋后约经 7 天,划口处将陆续长出耳芽,此时耳场的温度最好控制在 25℃左右,相对湿度在 85%以上。若空气湿度偏低,可在塑料袋上或耳场空间喷水,喷水一般要求少量多次,轻喷勤喷,以保持干干湿湿的状态。此外,耳场要有散射光照射并保持空气流通、清新。温度偏低时,通风宜在中午前后进行,喷水也可相对减少;如温度偏高,则通风也可在早晚进行、可增加喷水。

## (六)采  收

在上述的管理条件下,耳基经过 10 天左右的生长,耳片全部展开,边缘变软并呈波浪形,耳根收缩变细,此时毛木耳已经成熟。为确保高产、优质,成熟的毛木耳要及时采收。采收前应停止喷水,使耳片稍干燥,耳根尚湿时采收,这样不会出现"拳耳",又容易晒干。采收时,可以采大留小,保护耳基,即将成熟的耳片连同基部一起捏住,稍扭动,不能留有残根,以免残根溃烂后引起杂菌及病虫危害。采完一潮耳后,清理袋面,抠净残根,然后停水养菌 7 天左右,使菌袋稍干燥,以利于菌丝恢复生长。料袋栽培毛木耳一般可收 3～4 潮耳。

# 第十章  草菇栽培技术

## 一、概　述

草菇(*Volvariella volvacea*)Sing.，又名兰花菇、苞脚菇、南华菇，为真菌门、担子菌纲、伞菌目、光柄菇科、小包脚菇属。是热带和亚热带地区夏、秋季多雨季节生长在稻草堆上的一种食用菌，也是世界上广泛栽培的品种之一。我国草菇产量在世界上最高，主产区分布在广东、福建、广西、台湾、江西、上海、四川、云南等省、自治区、直辖市。随着科学技术的发展，草菇北移栽培获得成功，在我国北方也开始进行规模栽培。

草菇以馨香馥郁，菌肉细嫩，口感脆滑爽口，味道鲜美，营养丰富而著称。每 100 克干品含粗蛋白质 3.77 克，其含量是蔬菜的 3～6 倍，营养价值介于肉类和蔬菜之间，在菇类中仅次于蘑菇；粗脂肪含量为 3.52 克，大大低于肉类，符合高蛋白、低脂肪的现代营养学要求。草菇含有 18 种氨基酸，其中含有人体不能合成或转化、必须从食物中摄取的必需的 8 种氨基酸，占氨基酸总量的 38.2%。正因为草菇具有高含量氨基酸，因而具有独特的风味。草菇还含有维生素 C、维生素 B、维生素 $B_2$ 和磷、钙、铁、钾等，因而常食草菇可增强人体的免疫力和降低胆固醇，具有强身健体、解毒抗癌之功效。

我国是一个农业大国，栽培草菇的原料极为丰富，如稻草、废棉渣、棉籽壳、甘蔗渣、中药渣等均是栽培草菇的理想原料，这些原料取之不尽，用之不竭，且价格低廉。此外，草菇的栽培方式多种多样,有室内、室外、房前屋后,塑料大棚,其栽培技术容易掌握,成本低,收效快,从播种到收获仅需 13～15 天。我国南方各省、自治区在夏季高温季节均可生产。广州地区保温房的周年生产草菇栽培模式,采用二次发酵技术,一年四季天天都有草菇供应市场。在冬季,利用保温房进行反季节栽培,其经济效益更加显著。

# 二、生物学特性

## (一)形态结构

草菇形态上分为菌丝体和子实体两大部分,人们食用的部分为子实体。无论是菌丝体还是子实体,均由无数的菌丝交织而成。

菌丝体是草菇的营养器官,在基质中不断分裂繁殖,吸收、输送和贮藏营养物质。菌丝体呈白色或黄白色,半透明,常形成疏松的气生菌丝团。

成熟草菇的子实体,由菌盖、菌褶、菌柄和菌托 4 部分组成。菌盖着生在菌柄上,是子实体的最上部分,直径为 5～19 厘米,外形呈钟状,成熟时平展;菌盖边缘整齐,中央稍突起,颜色为灰白色,边缘色渐浅;中央突出处颜色较深。菌盖表面具有暗灰色纤毛,形成辐射状条纹。菌褶着生在菌盖下面,菌褶浅红色或红褐色,长短不等,直而边缘整齐,与柄离生。菌柄着生于菌盖底面的中央,下与菌托相连,是支撑菌盖的支柱,又是输送水分和养分的器官。幼菇时期,菌柄隐藏在包被内,粗大而短小。菌托位于菌柄下端,与菌柄基部相连,是子实体前期的保护盖,又叫外包被。它是一层柔软的膜,菌蕾期包裹着菌盖、菌褶、菌柄。当子实体发育到一定阶段后,由于菌柄的伸长,被菌盖顶端突破而残留于基部,称为菌托。

## (二)生长发育的环境条件

当生态环境适宜于草菇生长发育的要求时,其孢子的萌发、菌丝的生长以及子实体的形成都将很顺利地进行,也将获得高产;反之,常常会导致减产或失收。因此,了解和掌握其生长发育所需的生态环境,是非常必要的。

**1. 营养** 草菇所需要的营养物质主要是碳水化合物、氮素和各种矿质盐类,如糖、淀粉、半纤维素、纤维素、有机氮、无机氮、钾、镁、铁、磷、钙等。这些物质一般可从废棉、棉籽壳、稻草、甘蔗渣、玉米芯中获得。但是,草菇生长还需要一定数量的维生素,尤其是维生素 $B_1$。因此,在配制培养料时应注意培养料的碳、氮比例。一般营养生长阶段的碳、氮比以20:1为宜,而在生殖生长阶段则以 30～40:1 为好。如培养料营养充足,配比合理,菌丝生长旺盛,则子实体质量好,产量高,菇期长;反之,则产量低,菇期短。

**2. 温度** 草菇菌丝生长的温度范围在 20℃～40℃,适温为 30℃～39℃,最适温为 36℃。如果温度低于 15℃或高于 42℃,则生长极为微弱,10℃停止生长呈休眠状态,5℃以下菌丝很快死亡。子实体分化最适温度为 27℃～31℃,子实体生长最适温度为 28℃～33℃。如平均气温在 24℃以下,子实体难以形成;21℃以下或 45℃以上以及突变的天气,小菇蕾会萎缩死亡。

**3. 水分和湿度** 水分是影响草菇生长发育的重要条件。因此,培养料中的含水量直接影响着草菇的生长发育。如水分不足,菌丝生长缓慢,子实体难以形成,甚至死亡;水分过多,则会造成通气不良,影响呼吸作用,造成烂菇和死菇。所以,要掌握适宜的水分和空气相对湿度:培养料的含水量一般在70%左右,菌丝生长阶段空气相对湿度为80%,子实体生长阶段为90%左右。如湿度长期在95%以上,子实体容易腐烂而引起发病和虫害。

**4. 空气** 草菇是好气性真菌,在进行呼吸时需要吸入氧气和排出二氧化碳。足够的氧气是保证草菇正常生长发育的重要条件之一。

**5. 光照** 散射光能促进子实体的形成和健壮生长,并能促进色素的形成、积累。黑暗的环境或直射阳光,对子实体生长不利。

**6. 酸碱度(pH)** 草菇喜偏碱性,培养料的酸碱度以 pH 8~9 为宜。偏酸性的培养料对菌丝体和子实体生长发育不利,而且容易受到杂菌的感染。

# 三、栽培技术

草菇栽培方式主要有室内床式栽培、畦式栽培、堆草栽培、框式栽培和袋装栽培等。以下着重介绍室内栽培技术。

用棉籽壳(废棉渣)在室内栽培草菇,不仅产量高,而且产量比较稳定。因棉籽壳营养丰富,质地疏松,保温保湿性能强,通气性能好。用棉籽壳栽培草菇,必须进行前发酵和二次发酵。因经过发酵的培养料可分解为糖类及可利用的含氮物质和无机盐,能满足草菇菌丝生长和子实体发育的需要。用棉籽壳生产草菇的工艺流程如下:

菇房清洗、消毒→棉籽壳(废棉渣)前发酵→长稻秸或中药渣预处理→上床铺料(用稻秸或中药渣垫底)→巴氏消毒

（二次发酵）→播种→菇房管理→出菇→采收

## （一）一次发酵

浸料、堆制发酵。首先将棉籽壳浸入 pH 为 12~14 的石灰水中，浸透后捞起做堆，堆中的温度以 56℃~70℃较为理想。盖上薄膜进行前发酵处理 2~3 天。在含水量达 70%左右时即可搬入菇房。搬入房内前 pH 为 9 左右。

## （二）二次发酵

将经过一次发酵的培养料拌松、拌匀，然后搬进房内上架，可先在床架上铺一层经石灰水处理的稻秸或中药渣垫底，这样可适当减少棉籽壳用量，料的厚度为 8~10 厘米。夏季高温，应适当铺薄些；冬季气温低时，可铺厚些。把料铺成波浪式或平铺式，一般每 50 千克干料发酵后可铺 4 平方米左右。料铺好后，关闭门窗，然后向菇房内通蒸汽或者把煤炉放在菇房里，在煤炉上烧一锅水，靠水的蒸汽使料温达到62℃~65℃，维持 4~6 小时，然后自然降温。

## （三）播　种

当料温降到 45℃左右时将门窗打开，待料温降至 36℃时即可播种。把菌种均匀地播在表面，轻拍一下后盖上薄膜。保温、保湿效果好的菇房可不盖薄膜。50 立方米的保温菇房，用料为 600 千克，用种量为 40~45 瓶。

## （四）菌丝管理

播种后，尽量把料温控制在 36℃左右，保持 4 天左右（夏天高温季节保持 2 天左右），即可揭膜。在保证料温的前提下,可适当通风。到第四至第五天应喷出菇水1次,喷水时一定要适当通风换气,千万不能喷"封闭水",否则菌丝会徒长而影响正常出菇。冬天栽培草菇,喷水应选择在中午气温较高时进行。

### (五)出菇期的管理

在正常情况下,播种后6~7天便开始有幼菇形成。此时应注意保温、保湿,并适当通风换气,防止畸形菇的形成。在出菇期间,室温尽量控制在30℃左右,料温维持在33℃~35℃,空气相对湿度在90%左右,保持一定的散射光,菇房切忌温差过大,湿度过高。

### (六)采收与采后管理

在正常的栽培条件下,播种后第九至第十一天即进入采收期。为了提高草菇产品的商品价值,应在菇体长成卵形、胞膜未破前进行采收。由于草菇生长速度快,所以一般应早、晚各采收1次。采收时,为了避免碰伤邻近小菇,应小心采摘,一只手按住菇体周围的培养料,另一只手握住菇体并左右旋转,轻轻摘下,切忌用力拔,以免牵动附近菌丝,影响后一潮菇的生长。头潮菇一般可采收2~4天,采收后停止喷水1~2天,并用塑料薄膜覆盖,重复前述管理,经3~5天即可采收第二潮菇。一般可收3~4潮菇,收获期为1个月左右。如用保温菇房栽培,通常只收一潮菇。

草菇采收完毕后清理菇床,将废料清除运走,清洗、消毒菇房和菇床,重新开始栽培下一茬草菇。

# 第十一章　高温食用菌病虫害防治

在高温高湿的环境条件下栽培食用菌,易遭受病虫危害,发病概率也会大大提高。近年来,由于栽培环境恶化,病虫害猖獗,加上高温食用菌培养期和出菇期又处于高温季节,因此在整个栽培过程中,必须始终重视病虫害的防治工作。

## 一、病害防治

### (一)侵染性病害

侵染性病害是由各种病原微生物(真菌、细菌、病毒、线虫)引起的,具有传染性,所以侵染性病害也称传染性病害,其特点是病原微生物直接从食用菌的菌丝体或子实体内吸收养分,致使食用菌的正常生理活动受阻,从而出现各种症状,使食用菌的产量和品质下降。

### 1. 草菇病毒病

【发生情况】　近年来,我国在草菇、平菇等栽培中逐渐发现病毒或类似病毒的颗粒,有的已影响到食用菌的产量和质量。

据报道,在草菇中已分离到一种直径为35纳米的病毒颗粒,它对草菇的影响目前还在进一步研究中。1996年秋季在广州草菇栽培地区一些草菇菌种在原种培养时,曾发现菌丝特别浓密,待长至全袋2/3左右时,便停止伸长,菌丝生长部分显得僵硬,将菌种接种到培养料后,菌丝成团并和培养料一起形成坚韧的团块,虽然具有草菇的气味,但不长菇,在菇床上也常出现无菇区。在试管斜面上,也曾观察到似噬菌斑的透明斑点,使用这个菌种栽培草菇时严重地影响了草菇的生产。实验证明,经转换菌种后,这种菌丝异常和不结实的现象基本不存在。笔者 2002 年在广西农业科学院生物技术研究所草菇培养室曾经发现草菇菌种菌丝生长异常,并将菌种接种到培养料后,出现菌丝成团、浓密生长并和培养料一起形成坚韧的团块或板块,从外观看,菌丝生长特别浓密,与正常菌丝相比有异常现象,在所有菇床上都不长菇(不结实)。虽然,由于种种原因未分离到病菌,但从各种迹象来看,有可能是该菌种受病毒感染所造成。

【防治方法】 ①转换菌种。②一旦发现或怀疑被病毒感染的菇房,必须彻底搞好清洁消毒工作,并用甲醛熏蒸消毒。③培养料要经过高温发酵,并进行二次发酵。对菇房进行70℃热空气、保持 12 小时消毒。④发现带病的子实体应及时采摘处理。

## 2. 平菇毛霉软腐病

该病一般只发生在子实体充分成熟后未及时采收,而菇房又处于高温高湿或床面较长时间保持积水的条件下。在栽培管理好的菇床上,一般很少发生。

【症 状】 感病子实体呈淡黄褐色或淡褐色的水渍状软腐,一般多从菌柄基部开始发病,逐渐向上发展,也有的从菌盖开始发病,最后整个子实体呈水渍状软腐。软腐的子实体表面黏滑、湿润或呈水湿状,无恶臭气味。

【防治方法】 ①防止菇房出现较长时间的高温高湿状

态,预防床面积水。②要及时采收成熟的平菇子实体。因为过度成熟的子实体抗病弱,易受毛霉菌的侵染。③搞好菇房卫生,防止床面上发生菇蚊、菇蝇等害虫,以免病菌传播侵害平菇子实体。

### 3. 平菇青霉病

青霉病在食用菌栽培中发生普遍,各种食用菌的菇床及子实体上均可看到,特别在平菇栽培中发生较多。

【症　状】　病菌首先侵染生长瘦弱的幼菇或采菇后残留下来的菇根菇桩,然后再侵染病菇附近的健菇,病菌多从健菇的柄基部侵入,并向上扩展,导致健菇腐烂,表面生绿霉。幼菇发病一般从顶部向下发展出现黄褐色枯萎,使生长停止,病部表面长出绿色粉状霉层,霉层下面的菌肉腐烂。掀开病区的培养料,料霉变并发出霉味,肉眼可见大量的分生孢子呈烟雾状。

【防治方法】　①搞好菇房环境卫生,保持培养室周围及栽培场地清洁,及时处理废料。接种室、培养室、菇房要按规定进行清洁、消毒。②把好菌种关,袋装菌种在搬运等过程中要轻拿轻放,严防塑料袋破裂,经常检查菌种是否受污染,如发现被污染应立即剔除。禁止播种带病的菌种。③如在菇床培养料上发生病菌,要及时通风、降温,使菇房干燥,避免高温高湿,以防止菌落蔓延扩散。④控制培养料呈中性至弱碱性,以利于平菇菌丝正常生长而使病菌菌丝生长受抑制。用1%石灰水调节培养料酸碱度最经济、效果好。拌料时也可以加入相当于干料重量1%的生石灰,以调节酸碱度(pH值)。采完第一潮菇后,可喷洒2%石灰水上清液1次,使培养料保持碱性状态。⑤及时清除床面上生长瘦弱的幼菇和采菇后残留的菇根,预防病菌侵害健菇。⑥局部发生病害时,一边挖除被污染部位,一边使用 5%～10%石灰水涂擦或在发病部位撒石灰粉,也可以喷 3%～5%硫酸铜溶液杀灭病菌。或直接在发病部位注射 15%甲醛溶液或用 38%甲醛溶液擦拭杀灭。菇床培养料发病后,可喷洒 25%多菌灵可湿性粉剂 500 倍液或 70%甲基托布津 800 倍液,或用克霉灵或用克霉增产灵 200 倍液直接在发病部位喷洒或注射药液,连用 3 天,转潮时喷药 1 次可预防菌袋袋头霉菌感染。局部污染严重时,可用克霉增产灵 2%～5%高浓度药液注射患处,或用绿霉净 1 000～1 500 倍液或消菌灵 1 500～2 000 倍液均匀喷洒在发病部位,如菌袋两头有青霉的,要解开袋口喷洒,如果在青霉初起时抓紧防治,4 小时后可见效,24 小时内可彻底杀灭,防止病菌扩散蔓延。青霉菌杀灭后再喷施基因活化剂,使菌丝恢复强旺。

### 4. 草菇褐腐病

该病又称疣孢霉病、白腐病、湿泡病、褐痘病。

【症　状】　刚被该病侵染的草菇子实体原基表面有一层密而柔软的白色菌丝,而后子实体内部变成暗褐色,质软而发出臭味,并从内部渗出褐色汁液,最后子实体呈湿腐状死亡。当病菌侵染幼菇时,菇体组织分化进程受阻或变缓或不平衡,出现菌柄变大、菌盖变小、畸形的现象。在子实体分化前受害,没有菌盖、菌柄等组织分化。在高湿条件下,还常在子实体表面形成一层包裹的柔软的白色菌丝。该病是草菇和双孢蘑菇共患病害。

【防治方法】　①加强菇房通风换气,并适当降低空气的相对湿度。②拌料应在水泥地上进行,以避免土壤带菌传播。

播种前,用 0.2%多菌灵或 2%甲醛溶液均匀喷洒培养料进行消毒。使用栽培过双孢蘑菇的老菇房时,要事先做好菇房消毒。③病害发生后,可在病区喷施 1%～2%甲醛溶液,并将病菇烧毁。喷施甲醛溶液后,培养料的 pH 值会降低,对草菇的质量和产量均有影响。因此,在病害得到控制以后,可加喷 1%石灰水上清液进行调整。④发生过褐腐病的床架,在采收后用 4%甲醛溶液喷洒消毒,或用福尔马林溶液按 10 毫升/立方米熏蒸菇房。

## 5. 草菇菌核病

该病又称白绢病、罗氏菌核病、小菌核病、小球菌核病等。它能使草菇子实体罹病致死,是草菇栽培地区广泛发生的一种真菌性病害,主要发生于用稻秸栽培的地区。在我国南方各省、自治区以及台湾省草菇栽培中均有发生,东南亚各产草菇国家亦有此病发生,产量损失严重。

【症　状】　病菌能侵染播种后的草菇菌丝和子实体。初侵染草菇菌床时,料面出现白色或银白色的菌丝,生长茂盛,菌丝向四周扩展形成白色环状菌落;以后在其菌丝上形成大量球形、卵圆形、椭圆形或不规则形的白色、黄白色至黄褐色菌核,成熟后呈茶褐色。受侵染处草菇菌丝不再生长,无子实体形成。受侵染的草菇子实体先从基部出现症状,表面湿润、有黏性,继而腐烂。在罹病子实体上有小黑点或颗粒,这是病菌产生的小菌核。病菌侵入草菇子实体后,很快引起组织坏死,造成菇体腐烂。

【防治方法】　①选择新鲜、干燥、无霉变的稻秸做培养料。用前最好在太阳底下暴晒 2～3 天,而后用 3%～5%石灰水浸泡 1 昼夜消毒杀菌,捞出后用清水冲洗调 pH 值为 9。

②旧菇场要用2%甲醛溶液消毒。一旦发病,可局部撒石灰粉以封闭病区。③发病严重时,可喷洒50单位井冈霉素或0.5%萎锈灵。

## 6. 竹荪绿霉病

该病主要发生在培养料表面和子实体采收后留下的菌索上,是一种真菌性病害。

【症　状】　在菌床表面发病初期出现白色、纤细的菌丝,几天后在渐变灰白色的菌落上出现大量淡绿色的粉状霉层,即为病原菌的分生孢子。病菌能分泌毒素,阻碍竹荪菌丝的生长和子实体的形成。

【防治方法】　①确保菌种无杂菌污染,接种后加强通风,避免病菌污染。②生料栽培要认真做好原料和场地的消毒。③菌床表面一旦发生病害,用0.1%多菌灵溶液或浓石灰水上清液涂抹或喷洒。如病害深入菌床时,要把感染部位挖掉,并在料面上喷0.2%多菌灵溶液。④做好虫害防治工作。

## 7. 竹荪根霉病

该病常发生在培养基的表面,是一种真菌性病害。

【症　状】　病菌发生在培养基的表面时,其菌丝体生长迅速,病菌菌丝体初为灰白色,粗壮稀疏,后期逐渐形成黑色颗粒状霉层。病菌能分泌毒素而抑制竹荪菌丝生长。

【防治方法】　①确保菌种无杂菌污染,接种后加强通风,避免病菌污染。②搞好培养料和场地的消毒工作。③培养料上发生病菌时,可及时通风,使菇房干燥,控制室温在20℃～22℃。待病菌被抑制后再恢复常规管理。④培养料要选用新鲜、干燥、无霉变的原料。⑤培养料一旦发生病害,可用石灰水浇,也可用石灰粉覆盖受害处,经 5～6 天后,再将石灰粉除掉。也可用多菌灵或甲基托布津 500 倍液喷洒患病部位。⑥采收后及时清理菌床上的病残组织,以减少污染源,防止黑根霉病发生。⑦做好虫害防治工作。

## 8. 平菇细菌腐烂病

据刘克均报道,1981～1982 年在南京人防地道和矿山坑道栽培的凤尾菇子实体上发生过此病。1998 年福建三明共向研究所黄书文曾报道人工栽培阿魏菇(白灵菇)(*Pleurotus freulae*)子实体也发生过此病。该病严重发生的菇床发病率达 20％～30％。子实体一旦发病,就失去经济和商品价值,造成大幅度减产。据报道,该病是引起平菇子实体变色腐烂发臭的细菌性病害。

【症　状】　病菌主要危害已分化的平菇子实体,病害多从菌盖边缘开始发生,也可从菌柄开始,在菌盖或菌柄上出现淡黄色水渍状病斑。在中温、高湿条件下,病斑迅速发展。首先,从菌盖边缘向内扩展,然后延伸至菌柄。如果从菌柄开始发病的,则可向上扩展到菌盖,向下扩展到菌柄基部,病轻度发生时,受害菇体出现局部腐烂,病情严重的子实体呈淡黄色水渍状腐烂,并散发出恶臭气味,病菇完全不能食用。

【防治方法】　①搞好菇房的清洁卫生,控制好温、湿度。栽培环境条件差的地方,如人防地道或矿山坑道或山洞等培平菇时,要有通风设施。②科学管理用水,并尽可能使用自来水或干净的井水或河水,最好使用经过漂白粉消毒的水。每次喷水要适度,将菇房内空气相对湿度控制在 95％以下。每次喷水后及时通风换气,防止菌盖表面长时间存在水膜或水湿状态。③预防菇蝇、菇蚊等病虫害发生,发现虫害要及时喷药杀灭。④菇床一旦发病,应立即摘除病菇,停止喷水 1 天后,喷洒每毫升含 100～200 单位的农用链霉素或含 150～250 毫克/升漂白粉水溶液,可有效防治该病。据报道,使用万消灵或百消净 6～10 片(视病情轻重)对水 15 升进行喷雾,将患处正反面都要喷到,每天喷 1～2 次,连喷 2～3 天,治愈效果良好。根据经验,在实际栽培中,一旦出现少量病菇,应立即用药防治。先用万消灵药液喷 1～2 次,待菇体恢复正常生长,在第一潮菇采收后转潮时再用 0.1%疣克星喷洒出菇面 1～2 次,可有效防治该病的发生,同时还可防治各种霉菌感染。据 2004 年报道,美国 20 世纪 80 年代开始应用的最新强力杀菌消毒剂——菇安消毒剂(其中主要有效成分为稳定态二氧化氯),对该病也有防治效果。

## 9. 竹荪细菌病

【症　状】　受细菌感染的培养基(料)腐烂变质而发臭,使竹荪菌丝体不能生长,子实体难以形成。

【防治方法】　①对培养料和覆土要严格消毒。②选用无该病细菌的菌种,接种要按无菌操作规程进行。③科学管理用水。④预防线虫、螨类、蛞蝓、跳虫、白蚁、红蜘蛛等虫害发生,发现虫害要及时喷药杀灭。

## 10. 平菇黏菌腐烂病

该病又称黏液腐烂病。是平菇菌床和子实体上发生日趋严重的病害,该病由黏菌引起。

【症　状】　该病菌危害平菇菌床时,黏菌的原质团(或原生质团)呈连网状或扇状分布,扩展速度快,群体间能相互连接成片,宽度可达数十厘米或更宽,凡原生质团所到之处,平菇菌丝和培养料中的有机物质多被围食消化,受害处菌床松散、解体,出菇减少或不再出菇。原质团侵染平菇子实体后,轻则使菇体发黄变软、局部腐烂而失去商品价值,重则使菇体全部呈黏液状腐烂,完全不能食用。

【防治方法】 ①选择无黏菌病史的场地做菇场。培养地环境要清洁卫生、干燥,四周的排水沟要顺畅,通风良好。加强露地阳畦、菇棚地面和覆土材料的消毒处理。②培养料要求新鲜、干燥,并使用清洁水源调料。③生料栽培和发酵料栽培的培养料采用多菌灵或克霉灵拌料,料内可加入 2% 左右的石灰。在发酵过程中,培养料要进行高温堆制。④出菇期菌床要采用干湿交替的清洁水管理,有条件的可采用微型喷雾器或采用背负式喷雾器喷水保湿,防止地面过湿而有利于病菌生长。菌床尤其是菌丝衰退的后期菌床面要防止积水。菇房或菇场要具备适度透光和良好的换气条件,春、夏、秋季出菇的菌床,要防止出现高温、闷湿的生长环境。⑤菌床转潮时,适度喷洒 1% 石灰水上清液或 1 500～2 000 毫克/升漂白粉液,以控制病害的发生。即将覆土出菇的菌床,也可按上述方法进行覆土表面消毒预处理。⑥平菇菌床一旦发生病害,要立即通风降湿或进行日晒使之干燥,及时将病菇和连同感病的土壤、培养料一起清除深埋或烧毁。感病部位可使用等量式波尔多液或炭特灵 500 倍液喷洒,或直接采用石灰粉加漂白粉覆盖,以控制病害再次发生。据最近报道,采用100～250 单位的青霉素溶液连喷 2～3 天,防治效果可达 60% 左右。采用浓度为 0.1%～0.25% 克霉灵液连喷 2～3 天,防治效果可达 50% 以上。而采用 200 单位青霉素和 0.15% 克霉灵混合使用防治效果更佳,防治效果可达 75% 以上。施药后停止喷水 3～5 天,加大通风量,降低温、湿度,连续用药 2～3

次,防治效果更好。菌床感病严重时,则需按上述措施反复进行数次消毒,更换覆土材料。一般用药后的菌床要暂停喷水,待气温降低或病害得到控制后,再恢复正常的出菇管理。

## 11. 毛木耳流耳病

段木或代料栽培毛木耳,均可发生"流耳"现象。特别在长江以南及西南地区各省,发生更为严重。据报道,流耳主要是因为黏菌寄生在毛木耳子实体上引起的。

【症　状】　春、秋季出耳季节,在潮湿气候的条件下,黏菌的休眠孢子在耳树的树皮下萌发形成网状或扇状原生质团,原生质团扩展速度快,在基质表面迅速蔓延扩展。当黏菌扩展到耳基附近便从耳片边缘侵染子实体,侵染后,原生质团迅速在耳片上蔓延,形成网状菌脉,耳片表面出现一层乳白色、棕檬色或粉红色胶样黏质物,最后耳片解体、腐烂,呈黏液状。此病特征和生理性病害所致流耳完全不同,胶化后的耳胶流到哪里,哪里的耳片或耳基亦随之水解胶化,使段木或耳筒表面黏糊着一层耳胶。晴天干燥、失水后呈半透明的硬壳,颜色由黄褐色变成黑褐色。已发生过流耳或黏糊有耳胶的地方,再也不能长出耳基。

【防治方法】　①适时播种,加强耳房管理,出耳期防止高温、高湿。②要及时清理耳场周围枯枝落叶及垃圾,预防病害发生。③在栽培管理期间,要防止段木或耳筒菌块表面长期处于水湿状态。控制好湿度,可有效控制病菌生长。④发病后应及时清除并将污染耳木焚毁,以防止病菌蔓延传播。发病区应在采完木耳后喷洒0.1%高锰酸钾溶液,以杀死病菌。

## 12. 竹荪黏菌病

近年来,竹荪黏菌病发病较为严重,损失极大。该病菌能使菌床上的培养料变潮、腐烂,使菌丝生长受抑制或逐步消亡,菌蕾受危害后呈水渍状霉烂。该病是竹荪生产中新出现的病害。

【症　状】　病菌发生在竹荪畦面裸露土或覆盖在畦面的稻秸上,蔓延迅速。受病菌危害的培养料变潮、腐烂,使菌丝生长受抑制或逐步消亡,培养料存在大量细菌和线虫,竹荪不再生长。竹荪菌蕾受危害后呈水渍状霉烂。

【防治方法】　①使用无污染、生活力强的高质量菌种。菌种使用前要认真检查,棉花塞染菌,菌种有异味或过干、过湿、过老,均不宜使用。②选择向阳、通风、土壤肥沃和易排水的田块作为竹荪栽培地,并提前 20～30 天清除田块的稻秸根,耕翻做畦暴晒。畦田四周要挖沟,沟要挖宽、挖深,以便于排水,不使雨水淤积。③栽培前 7～10 天,用敌敌畏和多菌灵500 倍液喷洒,每 667 平方米田块撒 25 千克石灰杀虫、杀菌;在做畦铺料的前 1 天,用上述药物再进行 1 次杀虫灭菌。④栽培材料如木屑、竹屑、稻秸、废菌料等在使用前必须充分晒干。在下料栽培时,把原料放入水池内浸泡24～36 小时捞起沥干并堆沤发酵 5～7 天,浸泡或堆沤时,在水中或料中加入0.3％～0.5％石灰水和多菌灵 500 倍液杀菌。浸泡时,加入2％～3％漂白粉。⑤要选择晴天播种,播种覆土后畦面撒些竹叶或覆盖稻秸,并插上拱形竹片,覆盖薄膜保温、保湿、防雨;菇棚四周遮阳物不宜盖得过厚、过密,以便于通风。⑥畦土湿度保持在 20％～25％,空气相对湿度保持在 80％～90％,光照强度为 600～800 勒。⑦畦床一旦发病要停止喷水,加强菇棚光照和通风。清除发病处的培养料和覆土,在患病处撒上石灰和喷洒杀菌剂。发病初期,使用多菌灵或甲基托布津或硫酸铜 500 倍液和 100～200 单位链霉素或含有效氯 150 毫克/升的漂白粉溶液连续喷洒 3～4 次。

## (二)竞争性病害

竞争性病害类似于农作物的杂草危害,所以也称之为杂菌。这类病菌为腐生性,生活力强,发展蔓延迅速,但它们并不像病原菌那样直接侵害食用菌子实体,而是通过在食用菌的培养基和培养料上生长,与其争夺养分、水分、氧气和空间并产生毒素,抑制或消解食用菌物质甚至危害食用菌子实体,给食用菌栽培带来严重影响。危害食用菌的杂菌主要有真菌和细菌,此外还有少数的黏菌和酵母菌。

真菌类常见的有木霉、青霉、曲霉、根霉、毛霉、粗糙脉孢霉、镰孢霉菌、链孢霉菌、腐殖霉等。这些霉菌不但污染菌种、菌袋(栽培袋),而且也危害各种食用菌的菇床和出菇期的菌袋、菌块,甚至危害子实体。

## 1. 木　霉

木霉在各种原料、各种配方的双孢蘑菇、草菇、平菇的发菌阶段发生,危害和抑制食用菌菌丝的生长,是食用菌发菌期危害性最大的杂菌。

【病　因】　在高温高湿、透气性差的培养条件下危害严重,导致发菌失败。培养料和土壤带菌及空气是它的主要传播媒介。

【防治方法】　①尽量不使用生料栽培,使用生料时要加入足够的生石灰,以调节料的 pH 值和杀菌。平菇播前将 pH

调到 8,草菇播前将 pH 值调到 9~9.5。发酵料在发酵过程中要保证发酵温度达到 65℃左右,并保持足够的发酵时间,且要发酵均匀,不能产生厌氧菌。②出菇期特别是在高温高湿季节出菇,对可以补水的菇类,如平菇,可使用偏干配方。③发菌期间要保持菌丝良好的透气性,避免高温高湿,保持通风良好。④菇房使用前要进行清洁和消毒、灭虫,地面撒一薄层石灰,四周环境也要清洁卫生并注意防虫。⑤木霉菌星点发生时,要及时撒石灰粉控制蔓延。

## 2. 毛霉、根霉

该病主要发生在平菇生料栽培的发菌早期。菌丝初为半透明白色,在菌袋口的空隙处可见气生菌丝旺盛,直立向上生长;床栽时在料表面形成蓬松的絮状菌丝层,并很快形成孢子囊。

【病　因】　在高温、高湿、通风不良和酸性环境下易发生毛霉、根霉菌病,培养料中可溶性碳源也是其生长的主要基质。

【防治方法】　同防治木霉的第三、第四、第五种方法。

## 3. 橄榄绿霉

该病主要发生在平菇菇床上。其症状多在播种 2 周后出现。发病的培养料上初生灰白色或灰色绒状菌丝,后渐变为白色,几天后菌丝出现绿色或褐色子囊壳(颗粒状物),使食用菌菌丝生长受抑。

【病　因】　该菌由培养料带入菇房,料含氨量高。生料栽培或培养料发酵的温度低于 65℃以下的菇房发病重。培养料中二氧化碳浓度高,含水量高,菇房通风不良的环境,易发生此病。

【防治方法】 要求培养料发酵良好,最好实行二次发酵,温度达 70℃左右,翻料时上下要均匀,将氨味散尽后再进入菇房。

## 4. 胡桃肉状菌

在高温蘑菇出菇期间,胡桃肉状杂菌危害较大。

【病　症】 病菌多在覆土后的土层内发生,发病部位会出现浓密的菌状物,继而产生大小不均的浅黄色小菌块,形似胡桃核仁,发病部位培养料内会发生强烈的漂白粉味,严重时蘑菇菌丝消失,培养料变黑,造成绝收。该菌在培养料中与蘑菇菌丝竞争养料,抑制蘑菇生长。

【病　因】 菇房高温高湿,通风不良,堆料发酵不过关(培养料发酸)或土壤消毒不过关或未消毒。

【防治方法】 ①选择不带病菌的菌种。发现有胡桃肉状菌的可疑菌种应坚决舍弃。②一次发酵必须在水泥地上进行,避免病菌污染,培养料要发酵良好,使培养料 pH 值呈碱性。稻秸、牛粪培养料要充分发酵,尽可能进行二次发酵,彻底杀死病菌。用多菌灵 800 倍液拌料。料不可过湿。③进料前,菇房应彻底消毒,可用 2% 甲醛溶液喷洒地面和床架。④把好覆土质量关。取土要用深层土壤,避免用表层土壤。用石灰将土壤 pH 调整为 7.5 左右,并用多菌灵 800 倍液喷洒土壤,防止土壤带菌。如果找不到深层土壤,在取表层土壤后,将其充分暴晒数天后打碎,用敌敌畏和甲醛溶液混合喷雾熏蒸灭菌,覆盖薄膜 24 小时,以杀灭害虫和杂菌。⑤加强管理,创造良好的通风透气条件,避免菇房高温、高湿。有条件的菇房,在播种后将温度控制在 18℃以下,可抑制病菌孢子的萌发。⑥局部发病时,可用石灰水浇灌封闭病区,并停止喷水,加强通风降湿,使其完全干燥后,细心地搬出,远离菇房深埋或烧毁处理,然后在挖去培养料的周围撒上生石灰粉,再用药物处理。据报道,施保功、多菌灵和苯来特对此病均有较好的防治效果。但以50％施保功可湿性粉剂的防治效果为最佳,使用浓度为2 000倍液,以喷淋方法处理菌料,再盖上塑料薄膜密封,避免病菌蔓延传播。⑦搞好生产前后菇房的清洁卫生。有条件的最好把菇房地面老土铲去,从水田或旱地挖取深层土壤进行回填。

## 5. 可变粉孢霉

该病多发生在双孢蘑菇菇床上,有时平菇、草菇床上也有发生。

【症　状】　最初在培养料表面或覆土土层中长出一团团似棉絮状的白色菌丝丛,严重时可铺满整个细土表面,后期转变成粉红色或橘红色粉状物(分生孢子堆),致使菌丝生长受抑制,使已形成的菇蕾和幼菇枯萎而死亡。

【病　因】　培养料前发酵不合格,又未进行后发酵(二次发酵)或草料未充分腐熟。培养料含水量偏高,pH呈中性,通风不良,遇到高温。

【防治方法】　对培养料要进行二次发酵,杀死病菌,以有利于培养料充分腐熟和菌丝生长。适量增加菌种量,促使菌丝较快封面,抑制病菌发展。注意菇房通风换气,降低培养料的含水量,以减轻可变粉孢霉的危害。覆土消毒要彻底,平菇培养料可拌入相当于干料重量0.2％～0.3％的25％多菌灵。

## 6. 肉座菌

该菌主要发生在平菇菇床上。

【症　状】　发病初期,菌床上出现单个或几个连生的白色块状子座,其颜色由白色变成红褐色,最终为褐色半球形块状物。当湿度合适时成熟的块状子实体释放出大量的子囊孢子,子座消解腐烂,使菇床上的料面呈黑褐色湿腐状,培养料变黑腐烂,菌丝逐渐消失。

【病　因】　培养料、覆土带菌,病菌靠空气传播进入菇床;培养料含水量偏高,通风不良。

【防治方法】　①培养料含水量要适宜。②在平菇播种前,在培养料中拌入相当于干料重 0.2%～0.3% 的 25% 多菌灵。③覆土要彻底消毒。④防治病虫害。⑤加强菇房通风、换气,控制适宜湿度。

## 7. 鬼　伞

在生料栽培和发酵料栽培的各类菇的发菌中均可发生,甚至在培养料的发酵过程中也常发生。菇床上常见的鬼伞有墨汁鬼伞、毛头鬼伞、粪鬼伞、长根鬼伞和晶粒鬼伞 5 种。

【症　状】　食用菌在发菌期,肉眼不易看见鬼伞菌丝生长,只有当其如豆粒大小的原基分化成子实体(灰黑色的小型伞菌)时才发现它的生长。一般其分化需 12～24 小时,子实体分化到自溶只需 24～48 小时。各种鬼伞的原基到自溶前的子实体都是呈白色,自溶后逐渐变黑,最终变为一滩(团)墨汁状物(黏液),腐烂发臭,导致其他霉菌如绿霉在其上腐生。

【病　因】　稻秸、棉籽壳、麦秸等受潮霉变,带有大量的病菌孢子;发酵不彻底也会导致病菌大量发生;培养料偏酸性,菇房高温、高湿有利于其病害发生。培养料含氮量高,特别是无机氮的基质,还有生料栽培的发酵热有助于自然存在料中的病菌孢子萌发和菌丝生长;湿度大,温度高于 20℃即可大量发生。另外,菇床上的大量鬼伞担孢子随空气气流迅速蔓延而成为菇床上的优势菌。该菌一旦发生,很难控制。

【防治方法】 ①使用新鲜、无霉变、清洁干燥的培养料,用前须经阳光暴晒 2～3 天。②严格进行二次发酵。③生料栽培不加化肥,如使用化肥时须将料进行发酵,将无机氮转化为有机氮后再播种。如使用化肥不经发酵即播种时,化肥浓度不能过高。④使用发酵料栽培,培养料中的碳、氮比要合理,防止氮量过高,培养料的含水量要适宜。⑤发菌期控制好温度,防止"烧堆"、"烧菌"。⑥避免高温高湿环境。⑦拌料或堆料时加入一定量的石灰,使培养料 pH 呈碱性。⑧草菇栽培发酵结束后,当料温降到 35℃时抢温接种。⑨曾严重发生过鬼伞危害的菇房在清料后要严格清洗和消毒,以绝后患。⑩菇床一旦发生鬼伞,在开伞前摘除,防止其孢子传播。

## 8. 细 菌 类

污染食用菌菌袋的细菌多数为耐高温的芽孢菌类。有的厌氧细菌危害生料栽培的平菇、草菇的菇床,造成发菌失败。栽培料被感染后,培养料变质发臭或发酸而腐烂,使菌丝不能生长,造成栽培失败。

【病　因】 常因灭菌不彻底而引起细菌污染。生料栽培的菇床上常由于温度过高和生料含水量过大、通风不良,引发料中自然存在的厌氧细菌大量而又快速的繁殖,产生酸气,造成栽培失败。

【防治方法】 灭菌消毒要彻底,接种要严格遵守无菌操作规程;生料栽培,拌料时要控制好含水量,袋料不要装得过紧,保证菇床和菌袋透气性好,防止厌氧细菌大量滋生。

## 9. 酵 母 菌

酵母菌是单细胞的真核微生物,属真菌子囊菌亚门。在工业、农业、食品加工等领域广泛被利用,但在食用菌的制种和栽培中,它是常见的污染菌。

【症 状】 培养料受酵母菌污染后,引起基质、培养料发酵变质,呈湿腐状,并散发出酒酸气味,一般多从培养料中间开始发生。

【病 因】 ①制种期间操作不当,消毒灭菌不彻底,造成菌种污染。②生料栽培时,铺床播种时气温较高,床料铺得过厚,培养料含水量偏高,导致料发酵变质。

【防治方法】 ①生产菌种时,培养料不要装得过多过紧,装锅灭菌时,瓶(袋)之间应保持一定的间隙,以便热蒸汽流通。原种、栽培种不宜采用常压间歇灭菌方法,常压一次性灭菌至少要保持100℃,8小时。②播种时严格遵守无菌操作规程。③生料栽培时用相当于干料重量0.2%的25%多菌灵溶液或0.1%的70%甲基托布津溶液拌料。④将培养料的含水量控制在适宜的水平,防止菇房高温高湿。⑤栽培用水要清洁干净。⑥一旦发现菇床培养料料温过高,并散发出酒酸气味时,可用pH为13~14的石灰水上清液浇灌培养料,控制酵母菌繁殖,同时又可调节培养料的酸碱度为中性或弱碱性,以利于菌丝生长。

## 10. 线 虫

线虫属无脊椎的线形动物门,是寄生或腐生于食用菌及培养料中而造成食用菌病害的一类体型微小的低等动物。寄生线虫一般都有发达的吻针，尾部较短，尖削或钝圆。而腐生线虫的口腔内没有吻针，尾部较长，多为丝状。线虫除蛀食食用菌菌丝体和菇体外，还取食食用菌菌丝生长所需的基质，而且其排泄物还能阻滞食用菌菌丝的生长。

【发生及为害】 线虫为害食用菌菌丝后，料内菌丝变得稀疏、细弱、黏稠，逐渐萎缩，培养料渐渐潮湿变黑，常成片下陷，出菇少或不再出菇，并伴有刺鼻的腐败臭味。此臭味是感染线虫的典型特征，与生理性菌丝萎缩、螨害退菌现象有所区别。受害后的子实体生长瘦弱，没有生气，产量大幅度下降。线虫除直接为害菇体外，还携带大量的病原细菌和病毒。线虫代谢排泄物是多种腐生细菌的繁殖物，它可促进杂菌的再繁殖。在线虫与细菌的共同危害下，可使培养料腐败发臭，病菇先是发育不良，颜色变暗，最后发展到腐烂变臭。

线虫生存能力较强，能借助多种媒介进入菇房、菌床、菌袋、培养料、覆土材料、旧床架、污水等，附在螨、昆虫（蚊、蝇、跳虫等）、工具及人员的双手等，也常在灌溉的时候被冲到较低的菇床或菇袋上。

水是线虫必需的生活条件，线虫活动时需要有水膜存在，在水中不会淹死，反而更活跃。如果没有水，线虫既不能为害食用菌，也不能活动、繁殖而处于休眠状态。在适宜的温度（25℃）下，在营养丰富、水分充足的培养料上的线虫繁殖速度最快。线虫不耐高温，在45℃下经5分钟即可杀死休眠阶段的虫体。线虫一般在潮湿而且温度达到50℃～55℃时即会死亡，但在干燥的条件下，即使遇上60℃～65℃的高温，有的线虫还能存活。线虫喜温而不耐高温，耐低温，喜潮湿而不耐干燥。

由于线虫在培养料上移动速度缓慢,不易远距离迁移,因此菇床线虫病害多是由培养料、覆土材料和旧菇床等带虫感染。如覆土层和培养料上层菌丝大部分已消失,而菇床或菇袋下层的菌丝却长得好,说明线虫初侵染来自于覆土。在不良环境和干燥的环境中,寄生线虫可进入休眠而得以长期存活,这也正是线虫能从一季菇传到另一季菇的一个重要原因。为此,在食用菌栽培结束后,要及时将废料清出菇房进行消毒处理。

线虫平时生活在土壤、堆肥等有机物质丰富的场所,对菌丝的香味有很强的趋化性,被其为害后的菌丝坏死,进而导致细菌及微生物感染而腐烂。

【防治方法】

一是采取综合防治措施。菇床一旦发生线虫就很难根治。因此,特别要重视抓好预防工作,认真做好培养料的灭菌消毒和覆土材料的暴晒、熏蒸等工作。

二是对培养料要进行高温堆制处理,高压或低压消毒要彻底,才能杀死培养料中的线虫及虫卵。

三是使用清洁水源,拌料及管理用水必须是干净的河水或井水或自来水,防止有线虫污染的水进入菇房,更不能用来喷洒菌块、菇床和菇体。对不清洁的水源,可加入适量明矾沉淀净化后再使用。

四是对菇房要进行严格的科学管理,搞好菇房的环境卫生,地面不能积水。有条件的,地面应铺一层干净河沙或撒一层石灰粉。控制人员进出,尽量消灭媒介昆虫。生产结束后及时清除废料,并对菇房进行全面清洗消毒。菇箱和架子使用前用2%福尔马林溶液或沸水浸泡1～5分钟,对染过病的器具要严格消毒。

五是控制培养料适宜的含水量,防止水分过多。要注意培养料的通气,以减轻线虫的为害。

六是阳畦覆土栽培时,菇场排水条件要好,地表要经日光充分暴晒,对反复栽培食用菌的老场地,最好铲除 10 厘米左右的表土层,露出新的地表,再在阳光下暴晒 3～5 天。栽培期间最好每隔 15～20 天每平方米用 0.25 千克石灰粉拌少量腐殖土或沙土对土表进行普撒处理,以改变适合线虫活动的环境条件。

七是对老菇房要用甲基溴或溴甲烷熏蒸。旧床架可用 2%～3%甲醛溶液或 0.5%～1%二甲醇溶液,或 2%的五氯酚钠溶液喷雾或浸泡处理,或用沸水、蒸汽处理。

八是用杀线虫剂[如威百亩或米乐尔(瑞士产)]处理覆土材料和培养料。威百亩的使用浓度为 100 平方米用量为 5 千克左右,3%米乐尔颗粒使用浓度为 800 倍液拌料或拌土或喷土,防效可达 92%。从实践中可以看出,威百亩杀线虫效果优于米乐尔。也可使用甲醛 50 倍液对覆土进行消毒。

九是防止害螨及蚊、蝇类昆虫进入菇房。一旦发现线虫为害,可用 1%～2%石灰水或 5%食盐水喷洒培养料;对子实体上的线虫,可用 1%冰醋酸或 25%米醋或 0.1%～0.2%碘化钾或 0.01%的左旋咪唑溶液喷洒。

十是将被线虫严重为害的废料、病菇及时清出菇房,并用药剂喷洒处理,或经沸水、暴晒等高温处理后深埋,以防止再度污染。

# 二、虫害防治

食用菌栽培中常见的虫害有螨虫、跳虫、菇蚊、菇蝇、线虫等,要实行"以防为主,防治结合"的方针。首先要加强预防工作,以减少虫害的发生,一旦发生虫害,要及早采取各种有效措施杀灭害虫。

## (一)螨 类

为害食用菌的害螨种类较多,不同地区不同菇种上的害螨种群也不一样。但为害食用菌的螨类主要有蒲螨和粉螨两种,俗称菌虱,属节肢动物门、蛛形纲、蜱螨目。

【发生及为害】 螨类喜欢生活在温暖潮湿的环境中,常在棉籽壳、稻草、甘蔗渣、米糠、麸皮等培养料上产卵,以菌丝为食,繁殖很快。在菌种培养过程中,害螨可经棉塞等封口物缝隙侵入为害菌丝。菌丝被害后,造成断裂并逐渐老化、衰退,或菌种不萌发,或萌发后的菌丝稀疏暗淡,并逐渐萎缩而死亡。严重时,可将菌丝全部吃光,使菌种报废。害螨随菌种或其他途径进入菌床,一般先集中在培养料表面吃食菌丝,严重时,料内菌丝会被吃光,直至培养料发霉、变臭。这些害螨(粉螨)在接种后,如出现杂菌污染,它们便迅速聚集在霉菌较多的地方活动。当害螨发生量大时,大量的蜕皮及排泄物遗留在培养料或菌丝体上,会发出霉臭气味。如在产菇期发生螨害,菇体常被咬出沟痕、凹坑或孔洞,使菇体特别是幼菇萎缩甚至死亡,给食用菌的产量和品质带来极为严重的影响。

害螨的主要来源:①仓库、饲料间、畜禽棚舍及粗糠、麸皮、棉籽饼、菜籽饼等饲料中的害螨通过昆虫及培养料等带入栽培场地。②菇房消毒时未被杀死的螨或螨卵。③带有害螨的菌种。④带有害螨的培养料,在预处理时未能将螨全部杀灭。⑤使用带有害螨的水拌料、调节含水量和喷淋。⑥使用带有害螨的覆土。⑦使用带有害螨的液体肥料。

螨类在食用菌栽培过程中,主要通过菌种、培养料、覆土材料、昆虫、气流、水流、生产用具及管理人员的衣服等为媒介扩散危害。栽培时发生的"退菌"现象大多数与螨害的大发生有关。

　　【防治方法】

　　一是采取综合防治措施。

　　二是要经常检查菌种,保证菌种不带害螨,发现有害螨时必须做淘汰处理。生产菌种时,先用三氯杀螨砜或三氯杀螨醇与敌敌畏混合对菌种房喷雾。在菌种生产过程中,除注意各生产环节外,要特别注意培养室的灭螨工作,堆放菌种瓶前,再喷1次三氯杀螨砜或三氯杀螨醇与敌敌畏或氧化乐果混合液,然后在地面及墙壁四周撒一层石灰加硫黄混合粉(石灰与硫黄粉的比例为5∶1)或石灰加多菌灵混合粉(石灰与多菌灵的比例为10∶1),以防止螨害发生。菌种培养及存放过程若发现螨害,可喷洒25%菊乐合酯2 000倍液,或菊乐合酯与敌敌畏混合2 000倍液,或喷洒20%三氯杀螨醇与80%敌敌畏混合剂800倍液,或每瓶棉花塞蘸50%敌敌畏药液进行熏蒸。喷洒以上药液可以杀死螨类,而对食用菌菌丝无明显的影响。

　　三是菌袋接种后1周左右要经常检查,发现害螨要及时施药杀灭或诱杀。

　　四是可使用菇净1 500倍液(每袋10毫升对水15升)喷洒料面。用20%三氯杀螨砜1 000倍液,或50%敌敌畏800～1 500倍液,或克螨特500倍液喷洒菇房,喷1次不行可连喷2～3次,直至彻底杀灭害螨为止。菌袋覆土前,可用50%敌敌畏1 000倍液和2%～3%石灰粉处理覆土。

　　五是用菜籽饼诱杀。在害螨发生的料面上铺若干块湿纱布,其上撒一层刚炒好的菜籽饼粉,少顷,螨类聚集到纱布上取食,将湿纱布连同害螨一道放入沸水或浓石灰水中杀灭,洗净后再铺上,反复进行,这样可有效地降低菌床害螨数量。如果没有菜籽饼,也可用豆饼、棉籽饼、花生饼等代替。

六是用糖醋液诱杀。取糖5份、醋5份、水90份配成糖醋液,用纱布浸入液中略拧干,铺在有害螨料面上。纱布上撒约3毫米厚的炒黄发香并用糖水拌过的麸皮或米糠,害螨就会聚集在上面取食,这时将纱布放入沸水中烫死害螨。这种方法可反复采用。

七是用猪骨头诱杀。把猪骨头烤香后置于料面上,待害螨聚集到骨头上时,将其放入沸水或浓石灰水中杀死害螨,此法可多次重复使用。也可将鲜猪骨头敲碎后加水熬煮几小时,取骨头汤加入少许食糖并对水,以保持较浓猪骨汤香味为度。把整理好的小把麦秸或稻秸浸泡在汤液中,取出待麦秸把不滴汤水时放在菌床上引诱害螨取食,每隔几个小时将麦秸收起放在沸水中浸烫,以杀死害螨。此方法可重复采用。

## (二)菇 蚊

菇蚊又称菌蚊,其种类很多。对食用菌为害较严重的主要有眼菌蚊(尖眼菌蚊)、瘿蚊和菌蚊等。菇蚊从培养料一进入菇房直至栽培结束,对培养料、菌丝、子实体都可能造成危害。

【发生及危害】 菇蚊成虫本身对食用菌不直接造成危害,但它是菇类病害、线虫及螨类的传播者,是一种危害性极大的害虫。菇蚊主要以幼虫为害食用菌,幼虫如果较早地随培养料进入菌袋或菌床,则以取食培养料的营养为主,因而影响菌种定植,严重的可导致菌丝死亡。菇蚊幼虫在发菌期侵害时,其爬行于菌丝之间,取食菌丝,使培养料变松、下陷,菌丝由白色或浅黄色变成深褐色或黑褐色,造成出菇困难;在出菇期侵害时,可从菇根、菇柄、菇盖与菇柄交接处及菌褶等处取食而为害菇体,对原基和幼菇为害最重。在实际栽培中,可发现袋栽的菌块幼虫多在袋的内壁和培养料之间爬行,幼虫喜食食用菌菌丝体和子实体原基,在为害菇蕾、子实体时常潜入体内蛀孔洞,使菇蕾变色、萎缩而死亡。它一般先从基部为害,也常在菌褶内为害,严重时,菌柄被吃成海绵状,菌盖只剩上面一层表皮,进而枯萎、腐烂。幼虫在菇体上爬行取食时,不但排泄粪便污染菇体,而且其携带的病菌常导致菇体染病,使菇体产量和品质大大降低。

菇蚊广泛分布于自然界,霉变的作物秸秆、杂草、腐烂的菜叶、垃圾堆以及牲畜粪堆等腐殖质多的地方,易滋生这类害虫。成虫可直接飞入防范不严的菇房繁殖产卵,其卵、幼虫、蛹则主要通过培养料或覆土带入菌床或菌袋。

【防治方法】

一是采取综合防治措施。要特别注意搞好菇房内外的环境卫生,防止菇蚊就地滋生。有条件的可在菇房周围撒些石灰粉,以保持菇房周围干燥,并可消毒灭菌,减少虫源。此外,栽培过程中产生的废料、死菇、残根等废弃物,要及时清理,以防止滋生害虫和引诱害虫。

二是在种菇前或进料前要搞好菇房内外环境卫生,对菇房和覆土必须使用药物熏蒸、进行消毒和杀虫,以防止菇蚊的卵、幼虫和蛹侵入菇房、菌床和菌袋。

三是菇房的门、窗、通气孔等要安装纱网,防止菇蚊成虫飞入菇房。

四是在地下道或防空洞的菇房,其进出口要保持几十米黑暗通道,并注意随时关灯,防止成虫趋光而入。

五是菇蚊有趋光性,在窗口附近及灯光下发现有害虫时应及时扑打或喷洒 80％敌敌畏 500 倍液予以杀灭。

六是菇房菌丝的香味常招引害虫,一般新菇房开始种菇时,害虫很少,但收过 1～2 潮菇后,害虫逐渐增多为害加重。因此,阻止虫源入内是防治菇蚊的重要环节,务必堵住这一漏洞。

七是严禁新老培养料同时放在一个菇房内,老培养料极易招引菇蚊并为菇蚊提供良好的繁殖条件,搞不好常会造成严重的损失。

八是培养料浇水要适当。如浇水过多,会造成菌丝和菇蕾腐烂,成为菇蚊大量繁殖的有利环境。要加强培养料的管理,促进食用菌健壮生长,以控制害虫的发生与传播。

九是菇蚊生活周期短,繁殖力强,必须及早防治、彻底防治。防治虫害,首先要考虑菌(菇)是否供人员食用和供药用,不能滥用农药,避免造成人体伤害。其具体做法如下:①利用菇蚊成虫有趋光性的特性,可用黑光灯或节能灯、荧光灯诱杀,在菇房灯光下放盆水,加入 0.1％敌敌畏药液,使害虫扑灯时落入水中而死亡。②用粘虫板诱杀。把 40％聚丙烯黏胶涂在木板上,挂在灯光较强的地方,其粘杀有效期达 2 个月左右。③使用低毒低残留的农药,如敌敌畏、锐劲特、高效氯氰菊酯、除虫菊酯、溴氰菊酯、杀灭菊酯等,对菇房墙、地面、床架进行消毒。④在菇房内悬挂敌敌畏棉球,或经常更换挂在菇房门窗处的敌敌畏棉球,进行熏蒸。

十是在发菌期和出菇期发生菇蚊幼虫危害时,在料面上使用菇净 1 500 倍液(每袋 10 毫升,对水 15 升)喷洒料面,效果较好。若使用 20％高效氯氰菊酯 2 500～3 000 倍液,或

2.5％溴氰菊酯 2500～3000 倍液,或 20％杀灭菊酯 2000～3000倍液喷洒料面,应注意将鲜菇摘完后再用药,以避免发生药害。也可在采菇和喷水后,按 1∶1 的比例用除虫菊粉和石灰粉撒施床面,每 10 天撒 1 次,效果较好。如果发现菇蚊在菇体上为害,可在菇块有虫害处撒少量石灰,或将其晾晒干燥,使幼虫自然死亡。如菌床、菌袋受害严重,可用杀虫香或蚊蝇净熏蒸,杀灭害虫。

## (三)菇 蝇

菇蝇,又称蚤蝇、粪蝇,是为害食用菌菌丝和子实体的重要害虫。有的地方称菇蝇为"腐烂虫"、"菇房蚤蝇"。

【发生及危害】 菇蝇成虫不直接为害食用菌,但可产卵为害。菇蝇成虫行动迅速、活跃,并能携带各种病原菌、线虫、螨类进入菇房。菇蝇主要发生在高温季节的废菌袋上。菇蝇主要以幼虫为害,菇蝇幼虫大量发生,对菌丝为害最重,能在短时间内使菌袋两端菌丝消失,形成所谓"退菌现象"。幼虫初期以取食食用菌菌丝和幼菇的幼嫩组织为主,后期则扩大到子实体内为害,将菇体变成海绵状,最后将菇体吃空,使其不能继续生长发育。为害严重时,可使食用菌菌丝萎缩,由白色或黄褐色变黑色,培养料被蛀成糠状,致使菌床、菌袋少出菇甚至不出菇。轻者减产,重者会造成失收。如果菇蝇幼虫在高温期发生,其来势猛,为害重,1 周左右便造成灾害,菇蕾被害率可达 60％以上。菇蝇幼虫在料内发育的速度取决于温度,在 23℃～25℃ 的发菌适温下,其整个生活史(从卵到蝇)需 15 天左右;在 15℃～18℃ 的产菇适温下,其整个生活史需要 40 天左右,此时,幼虫为害的时间相对拉长。温度较高和湿度过大时,菇蝇为害更重,所以在高温期(25℃～28℃)

产菇要特别注意防止虫害的发生,需加强管理。

菇蝇多滋生在粪便、垃圾、牲畜棚、旧菇房的废料、腐烂瓜果和各种有机物残体上,其卵、幼虫、蛹通过培养料进入菌床和菌袋,其成虫则从外界环境中飞入菇房。

【防治方法】

一是采取综合防治措施。由于菇蝇幼虫发生期不一,而且都是钻入料内和菇体内为害,因此必须以预防为主,杀灭成虫是关键的防治环节。菇房及菇床的湿度不能过高,更应避免直接向菇体过多喷水,以减少菇蝇的发生。

二是在菇蝇多发地区,菇房内可使用 40％二嗪农乳油1 000～1 200 倍液,或 80％敌敌畏乳油 500～1 000 倍液喷洒菌袋表面、菇房空间、墙壁、地面和床架等。如果菇蝇成虫及幼虫在发菌期和出菇期发生,则只能喷洒 20％高效氯氰菊酯2 500～3 000 倍液,或 20％杀灭菊酯 2 500～3 000 倍液,最好在摘菇后喷洒。或用菇净 1 500 倍液等高效低毒低残留药剂喷洒。提倡在发菌期和出菇期使用菇净防治害虫,因其对菌丝及子实体无不良影响。严禁使用敌敌畏及其他高磷剧毒农药喷洒菌床料面、菌袋料面、菇体等。

三是加强通风和向墙壁喷水,以降低室内温度。每隔 7 天用灭蚜烟剂熏杀,以控制菇蝇的数量。

### (四)跳　虫

跳虫,又称烟灰虫、弹尾虫、弹跳虫、地疙蚤等。常见的跳虫有 10 多种,对食用菌为害较大的是紫跳虫、菇紫跳虫、黑角跳虫、角跳虫(短角跳虫)等,以噬食食用菌菌丝体和子实体进行为害。

【发生及为害】 跳虫是一类体型微小、无翅的低等昆虫,其最显著的特点是虫体腹部有一个特殊的弹跳器官。跳虫的行动主要靠弹器跳跃，在受惊扰时可弹跳相当的距离，从而跳离菌体，躲入阴暗角落或地上聚集成坨。

跳虫是一种具有咀嚼式口器的害虫。它在为害菌床、菌袋时，一是咬（啃）食子实体，二是在培养料内取食菌丝，以群集于子实体上咬食子实体为主。在咬食子实体时，多从伤口或菌褶内取食，也可在菌体表面各部位取食，被取食的菇体表面皱缩、不光滑，出现凹点或孔道，菇体含水量减少，渐变萎缩。为害严重时，能使幼菇及菇蕾生长停滞或菇体变形，把菇体咬得千疮百孔。如果菇蕾形成时遇到严重危害，子实体不能形成；在生长中后期的子实体受害后，菌盖及菌柄表面会出现凹陷的斑纹，形状不规则，深浅程度不一。跳虫蛀食菌柄内部时，菌柄出现许多细小的孔洞；为害菌褶时，菌褶呈锯齿状。在气温较高的晴天，菌盖表面无水膜或水湿状态时，群集在菌盖上的跳虫稍受惊扰或触动即弹跳分散在菇床料面或床外，经过一段时间后又跳回被害子实体上进行为害。

如果菌种生产设备简陋，培养室比较阴暗潮湿，菌种培养环境卫生条件差，管理粗放，跳虫钻入菌种瓶内吃食菌丝的情况随时都有发生。在播种后菌丝生长阶段，跳虫进入菇床或菌袋培养料内取食菌丝，由于其虫体细小、颜色深，与培养料的颜色相似，一般不易被发现。另外，跳虫不仅直接为害菌丝和子实体，还能携带和传播其他病原菌而引起更多的病害。

跳虫喜阴暗、潮湿、腐殖质丰富的环境，也有群集为害的习性。它平时生活在潮湿的草丛、枯枝落叶、牲畜粪肥、土壤中的垃圾、堆肥、有机物质堆放处或其他有机质丰富的阴湿场所，取食死亡腐烂的有机物质或各种野生菇类及地衣，可通过培养料、覆土材料、水和工具等途径进入菇房。如果菇房结构简陋,内外环境卫生差,跳虫也能直接跳跃进入菇房取食菌丝、菌皮、菌肉及孢子。因跳虫体表具蜡质,所以跳虫耐湿性强,不耐干燥,雨后或浇水后往往成群漂浮水面,活动(跳跃)自如,特别是在连续下雨后转晴时,其数量尤多。收菇结束,跳虫多数随清除的废料进入肥料堆或土壤中生活。通常地下防空设施和露地栽培菌菇的地方跳虫发生量大,特别是适温高湿条件下其繁殖迅速,为害严重。另外,由于跳虫对温度适应的范围大,即使在气温较低的冬、春季,只要菇床上有子实体生长,就有跳虫为害。在适宜的条件下,跳虫1年可发生6～7代。

【防治方法】

一是采取综合防治措施。跳虫是栽培场所过于潮湿、渍水、卫生条件差的指示害虫,故应搞好生产环境的清洁卫生,空气要流通,防止过湿和周围积水。

二是室内栽培食用菌时,应在菌袋上架前搞好菇房内的清洁卫生,菇场环境喷洒40％敌敌畏200倍液或50％马拉硫磷1500倍液,以杀灭和驱赶跳虫。露地阳畦覆土栽培食用菌,在整理场地时,要清除菇场四周的杂草及有机堆积物,清除杂草时最好就地烧掉。

三是在菌种培养阶段,菌种培养房的地面要清洁干燥、不堆杂物,并在地面喷40％敌敌畏200倍液或50％马拉松500倍液后再培养菌种。如果没有药剂,可在地面撒石灰粉防止潮湿,保持清洁干燥。

四是老菇房种菇应彻底清除废料,并在地面喷40％敌敌畏200倍液熏杀害虫。

五是人工诱杀跳虫。不论是在室内还是在室外栽培食用菌,如发现跳虫为害,可在食用菌四周摆放水盆,让跳虫跳入水中集中消灭,每天换水1次并将跳入盆中的跳虫杀死或埋入土壤中,以降低虫口密度。

六是发菌期和出菇期可用80%敌敌畏1000倍液喷于纸上,再滴上数滴蜜糖,然后将药纸分散放在培养料和覆土上,诱杀害虫。

七是在跳虫为害严重的发菌期,在床面、菌袋无菇时,可喷洒高效氯氰菊酯1000倍液,或拟除虫菊酯2000倍液,或菇净1500倍液等高效低毒低残留药剂。

八是在跳虫为害严重的出菇期,可适当喷洒0.1%鱼藤精或除虫菊酯150~200倍液,或菇净1500倍液等药剂。也可将菇房室温升到20℃~25℃,使跳虫活跃后,用硫酸烟碱喷洒床底或菇房四周。

九是采菇后床面无菇而且跳虫继续为害菌丝时,在采用其他药剂无效的情况下,可以适当喷洒0.4%敌百虫或0.2%乐果溶液,但要随时观察菌丝生长情况,一旦发现菌丝生长异常或干燥、萎缩,应立即停药。

十是袋栽食用菌发现有大量跳虫时,可在放有菌袋的地面或架子上喷洒巴丹2000倍液或杀虫双500倍液,也可在地面撒生石灰。

## 金盾版图书,科学实用,
## 通俗易懂,物美价廉,欢迎选购

| | | | |
|---|---|---|---|
| 金耳人工栽培技术 | 8.00 元 | 键技术 | 10.50 元 |
| 黑木耳与银耳代料栽培 | | 图说黑木耳高效栽培关 | |
| 速生高产新技术 | 5.50 元 | 键技术 | 16.00 元 |
| 黑木耳与毛木耳高产栽 | | 图说金针菇高效栽培关 | |
| 培技术 | 5.00 元 | 键技术 | 8.50 元 |
| 中国黑木耳银耳代料栽 | | 图说食用菌制种关键技 | |
| 培与加工 | 17.00 元 | 术 | 9.00 元 |
| 黑木耳代料栽培致富 | | 图说灵芝高效栽培关键 | |
| ——黑龙江省林口 | | 技术 | 10.50 元 |
| 县林口镇 | 10.00 元 | 图说香菇花菇高效栽培 | |
| 致富一乡的双孢蘑菇 | | 关键技术 | 10.00 元 |
| 产业——福建省龙 | | 图说双孢蘑菇高效栽培 | |
| 海市角美镇 | 7.00 元 | 关键技术 | 12.00 元 |
| 黑木耳标准化生产技术 | 7.00 元 | 图说平菇高效栽培关键 | |
| 食用菌病虫害防治 | 6.00 元 | 技术 | 15.00 元 |
| 食用菌病虫害诊断与 | | 图说滑菇高效栽培关键 | |
| 防治原色图册 | 17.00 元 | 技术 | 10.00 元 |
| 食用菌科学栽培指南 | 26.00 元 | 滑菇标准化生产技术 | 6.00 元 |
| 食用菌栽培手册(修订 | | 新编食用菌病虫害防治 | |
| 版) | 19.50 元 | 技术 | 5.50 元 |
| 食用菌高效栽培教材 | 7.50 元 | 15 种名贵药用真菌栽培 | |
| 鸡腿蘑标准化生产技术 | 8.00 元 | 实用技术 | 8.00 元 |
| 图说鸡腿蘑高效栽培关 | | 地下害虫防治 | 6.50 元 |
| 键技术 | 10.50 元 | 怎样种好菜园(新编北 | |
| 图说毛木耳高效栽培关 | | 方本修订版) | 19.00 元 |

以上图书由全国各地新华书店经销。凡向本社邮购图书或音像制品,可通过邮局汇款,在汇单"附言"栏填写所购书目,邮购图书均可享受 9 折优惠。购书 30 元(按打折后实款计算)以上的免收邮挂费,购书不足 30 元的按邮局资费标准收取 3 元挂号费,邮寄费由我社承担。邮购地址:北京市丰台区晓月中路 29 号,邮政编码:100072,联系人:金友,电话:(010)83210681、83210682、83219215、83219217(传真)。